咖啡店面形象设计

SendPoints善本 编著

中国 · 武汉

图书在版编目（CIP）数据

咖啡店面形象设计 / SendPoints 善本编著 . － 武汉 ：华中科技大学出版社，2020.7

ISBN 978-7-5680-5333-4

Ⅰ. ①咖… Ⅱ. ①S… Ⅲ. ①咖啡馆－室内装饰设计 Ⅳ. ①TU247.3

中国版本图书馆 CIP 数据核字 (2019) 第 122349 号

咖啡店面形象设计

Kafei Dianmian Xingxiang Sheji

SendPoints 善本　编著

出版发行：华中科技大学出版社（中国 · 武汉）　　电话：（027）81321913

武汉市东湖新技术开发区华工科技园　　邮编：430223

策划编辑：段园园　林诗健　　执行编辑：李炜姬　　设计指导：林诗健　　翻　译：李炜姬

责任编辑：段园园　李炜姬　　责任监印：朱　玢　　责任校对：李炜姬　　书籍设计：陈　挺

印　刷：深圳市龙辉印刷有限公司

开　本：787 mm × 1092 mm　1/16

印　张：13

字　数：145 千字

版　次：2020 年 7 月第 1 版 第 1 次印刷

定　价：128.00 元

投稿热线：13710226636　　duanyy@hustp.com

本书若有印装质量问题，请向出版社营销中心调换

全国免费服务热线：400-6679-118　竭诚为您服务

摄影：Cindy Boyce

咖啡
品牌设计

THE
ASSEMBLY
STORE

1

2

3

The
NITEOWL
CAFE

THE NITEOWL CAFE

4

5

1. 设计机构：Bravo，设计师：Jasmine Lee | 2. 设计机构：MAROG Creative Agency，设计师：Siranush Danielyan, Varduhi Antonyan, Haykaz Khroyan
3. 设计机构：Serious Studio，设计师：Tintin Lontoc, Deane Miguel, Lester Cruz, Claudine Santos | 4. 设计师：ZiYu Ooi | 5. 设计机构：Lemongraphic，设计师：Rayz Ong

6

7

8

9

COFFEE MASTERS™

HÊRMANN
THÔMAS

COFFEE MASTERS™

10

6. 设计机构：ADDA Studio，设计师：Christian Vogtlin | 7. 设计机构：Cumba Co，设计师：Kutan Ural | 8. 设计师：Carla Almeida | 9. 设计机构：Lilkudley，设计师：Petr Kudlacek | 10. 设计机构：mxTAD，设计师：Merche C. Esnal, Adolfo Meneses, Mr. Power, Fernanda Miranda, Monir Jimenez, Mauricio Romero

11

12

13

14

15

BRONUTS

16

11. 设计师：Mustafa Akülker | 12. 设计机构：Revert Design，设计师：Trevor Finnegan | 13. 设计师：Marie-Michelle Dupuis, Pier-Luc Cossette | 14. 设计机构：Logomachine 设计师：Arina Rudyakova | 15. 设计机构：Hardhat，设计师：Nik Clifford, Jenny Miles | 16. 设计机构：One Plus One Design，设计师：Tyler Thiessen, Jessie Thiessen

17

19

18

20

21

17. 设计机构：Bond Creative Agency，设计师：Jesper Bange, James Zambra | 18. 设计机构：Ostecx Créative，设计师：Sébastien Ploszaj | 19. 设计机构：Estudio Yeyé
20. 设计机构：Reynolds & Reyner，设计师：Alexander Andreyev, Artyom Kulik | 21. 设计师：Jiani Lu

作为一种世界性的饮品，咖啡已经成为一种文化现象。随着人们生活品位的提高，第三波咖啡浪潮中涌现出的咖啡品牌都希望通过设计来提高自身品牌的辨识度和独特性。

咖啡的品牌形象设计一般选取与咖啡本身最为相关的元素。从咖啡原料（如咖啡豆、咖啡树树枝）到咖啡机（如蒸馏瓶、摩卡瓶）、咖啡器皿（如咖啡杯、外带杯、奶精瓶），甚至是咖啡污渍都是最容易让人联想到咖啡的视觉元素。而从咖啡豆的产地出发，当地的民俗文化元素也非常常见。由于很多咖啡店都不只提供咖啡，还出售包点、甜点等，如甜甜圈、杯形蛋糕、牛角包、蛋饼等。自然而然，这些元素便与咖啡密切地联系起来。西方文化中，咖啡常被看作一天工作的开始，所以太阳、笑脸、牛奶瓶等元素也被普遍运用。

ORYGYNS Specialty Coffee

Kuppa Roastery & Café

Bronuts

与咖啡直接相关的元素固然非常经典，但在文化和审美多元化的今天，未免显得老调重弹，难以在消费者心中留下深刻印象。因此，与有历史感的怀旧物品相结合来标识自身，也是咖啡品牌常见的设计思路。

15 世纪人们对大海十分向往，咖啡凭借海上贸易传遍全世界，与海洋相关的元素，如帆船、船锚、水手也与咖啡品牌设计联系起来。19 世纪第一次工业革命的号角吹响之后，世界发生重大变革。作为这一时代的象征，蒸汽机、自行车、霓虹灯、留声机、照相机等因为极富时代内涵，也常被用于品牌形象中。动荡的 20 世纪催生了无数大师，这些大人物长年流连于街头巷尾的咖啡馆，无形间赋予了咖啡浓厚的人文气息。与此相关的元素自然也融入到设计中，如络腮胡子、烟斗、绅士、西装领带、圆领高帽、书籍、眼镜、希腊神话人物、猫、音乐等。

另外，从一般品牌设计的角度来说，很多咖啡品牌热衷于用某一种动物来传递品牌的气质，如猫头鹰（智慧与神秘）、大象（慈爱与包容）、公鸡（奔放与无畏）、麋鹿（守护与指引）、独角兽（灵性与自然）、鹦鹉（健谈与风趣）、狐狸（调皮与精明）、狮子（阳刚与勇敢）等。

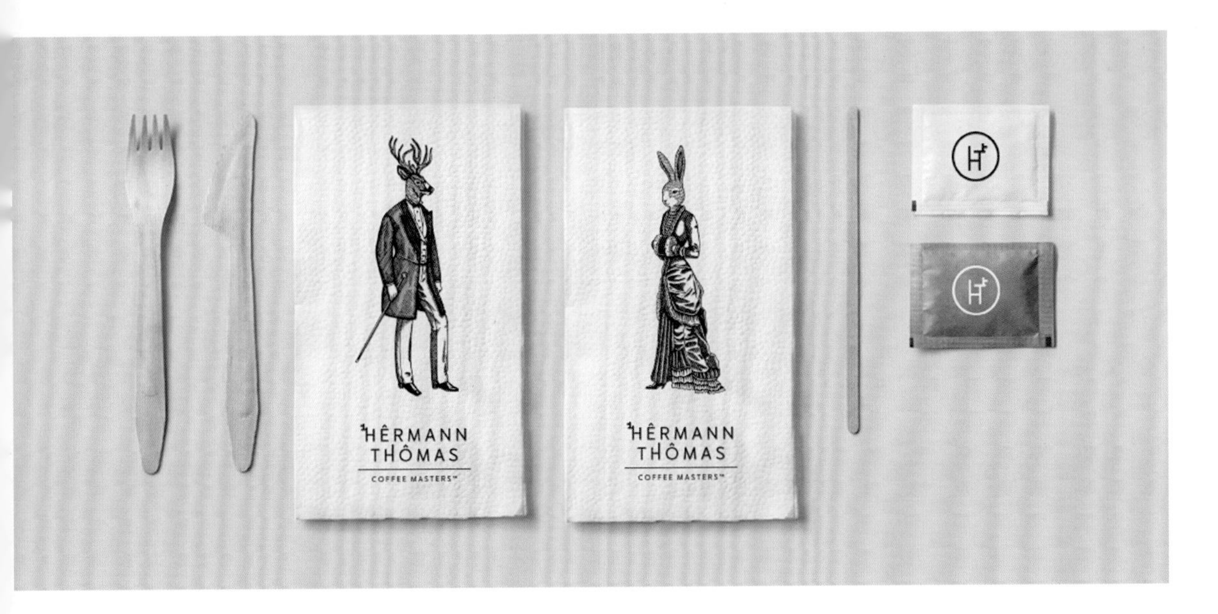

从动物形象出发来塑造品牌是信息传递效率较高的一种设计方法，因为每种动物通过童话、神话传说等集体文化，早就有了鲜明的人格气质。Hêrmann Thômas 的品牌设计中，鹿角暗示着温和的雄性力量，而兔耳朵则代表着柔和可爱的女性美，让这两种动物穿上绅士和淑女的服装，则让品牌更添一层复古意味。

传说中的独角兽据说只有处女才能捉到，所以与神性、纯洁等词联系在一起。有趣的是，Peat Me 的品牌设计师反其道而行，将独角兽前额的螺旋兽角换成一把叉子，和独角兽一贯的形象形成反差，放大了品牌戏谑、反叛的气质。

Voltacafé

Calle 20 #235, Local 107, Mérida, Yucatán, México

设计机构：BIENAL

Voltacafé 致敬往昔的咖啡厅——知识分子常常相聚一起高谈阔论的地方，将属于老时光的格调和品质转化到当下的时代，传承传统咖啡文化。咖啡店的品牌形象以复古为主线，诠释品牌的初心。除了利用配色和图案营造复古氛围之外，标志的设计也是关键。标志中的图标字母“V”由两个杯子和三个圆圈构成，两只信鸽抬着中间的圆圈。圆圈代表一个承载沟通和知识的安全地带，而信鸽寓意无论距离多远总会回到家。标志字体同样具有浓郁的复古味道——浓厚的笔画和经典几何衬线。

VOLTACAFÉ

C 60% R 61%
M 60% G 53%
Y 65% B 48%
K 60%

C 07% R 222%
M 85% G 77%
Y 79% B 64%
K 01%

C 20% R 178%
M 41% G 135%
Y 67% B 90%
K 15%

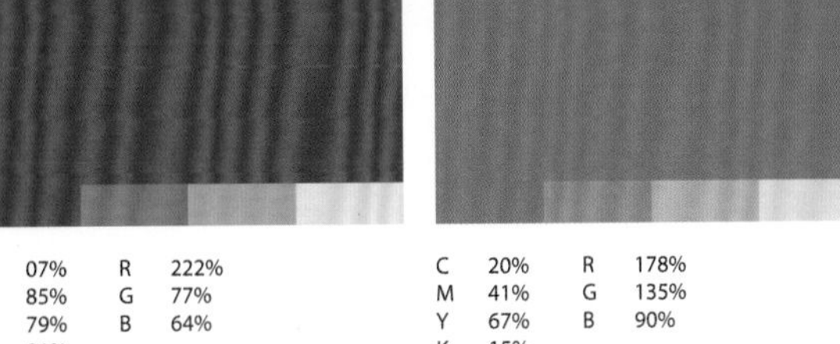

C 05% R 239%
M 05% G 235%
Y 08% B 228%
K 00%

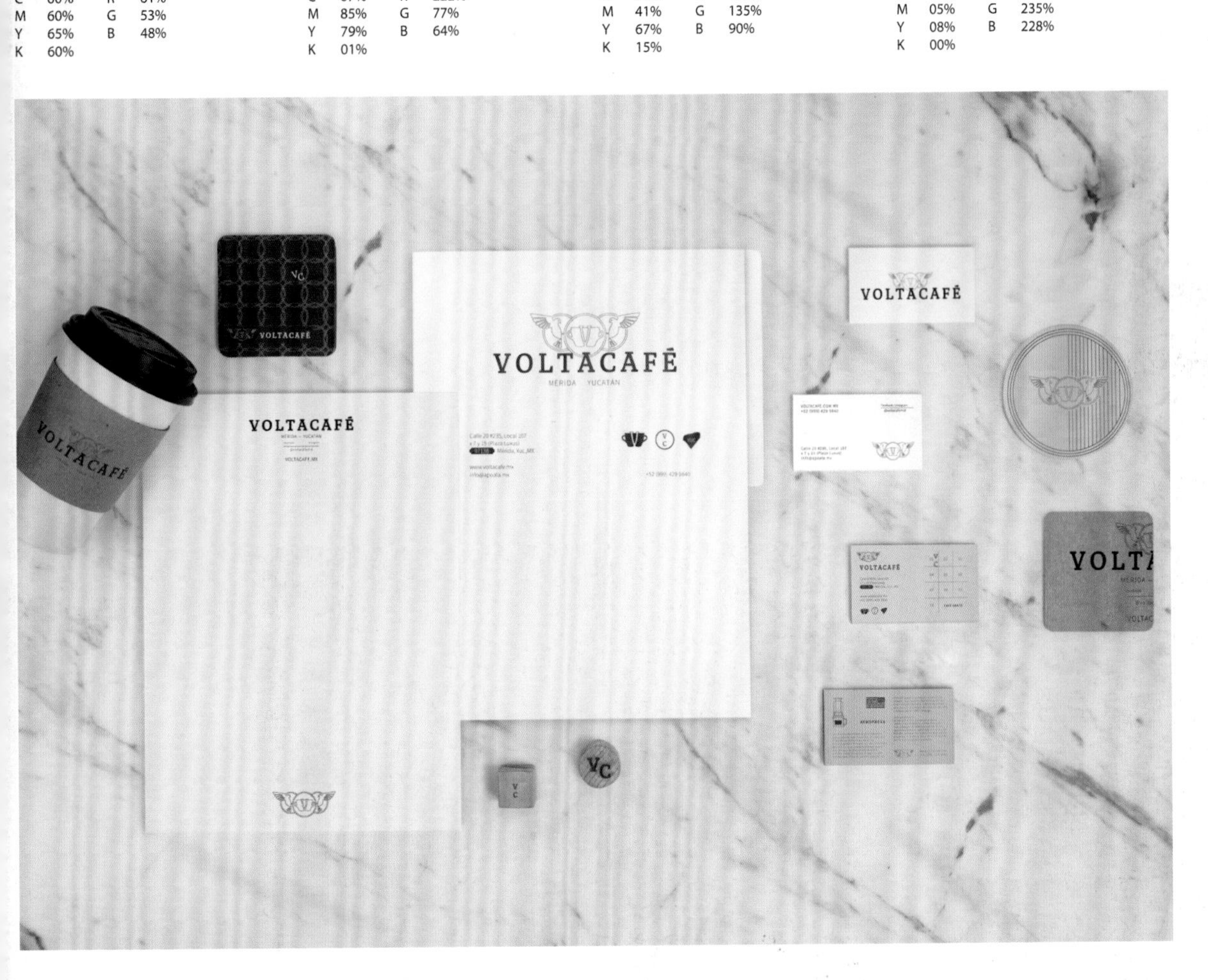

VOLTACAFÉ
VC
VOLTACAFÉ
Calle 20 #235, Local 107
x 7 y 15 (Plaza Luxus)
Mérida, Yuc., MX
www.voltacafe.mx
+52 (999) 429 9840
01
02
03
04
05
06
07
08
09
10
CAFÉ GRATO

VOLTACAFÉ
VOLTACAFÉ
MÉRIDA — YUCATÁN
@voltacafemid
VOLTACAFE.MX

Granger

49A Grange Road, Caulfield East 3145, Australia

设计机构：Mildred & Duck

Granger咖啡店以其所在的路名命名，表明自己以街坊为中心的品牌定位，是当地居民日常光顾的地方。遵循这个定位，咖啡店的视觉形象平易近人、轻松且优雅，室内的材料和色彩和谐一体。配色上设计师选择奶油色和暖白色，并用店铺的标志性绿色加以点缀，低调之中隐藏着个性的细节，传达出品牌的自信。

Café & Canteen
49A Grange Road Caulfield East 3145
Mon - Fri 6.30 to 3.30, Sat - Sun 7.00 to 4.00
hello@granger.cafe
GRANGER
granger.cafe

GRANGER
Café & Canteen
49A Grange Road Caulfield East 3145
hello@granger.cafe
granger.cafe

GRANGER
GRANGER

SPECIALS
TRUFFLED MUSHROOM BENEDICT
HERB CRUSTED MUSHROOM BAGEL
GRANGER
CHILLI EGGS
CROQUETTES
SALMON NOURISH BOWL
PASTRAMI BAGEL
BEEF BRISKET SANDWICH
TWICE COOKED FRENCH TOAST
BREAKFAST ROLL
GRANGER BREAKFAST
POACHED CHICKEN SANDWICH
PAPPARDELLE RAGU
THE FALAFEL BOWL
SUPERFOOD SALAD
SMASHED AVOCADO EGGS

GRANGER
Café & Canteen
Grange Road Caulfield East 3145
hello@granger.cafe
TAX INVOICE
2 x Cafe Latte
> Soy
1 x Matcha Latte
> Soy
Green tea
Piccolo
GRANGER

White Glass Coffee

23－18 Sakuragaokacho, Shibuya City, Tokyo, Japan.

设计机构：Emuni

设计师：So Nagai

尽管坐落于繁华的涉谷区，这家咖啡店却以“森林中的咖啡烘烤机”为经营理念。品牌logo传递出店内绿色植物环绕的空间氛围，以及顾客在这里度过的美好时光，其中重叠的部分形成了一只玻璃杯的形状，意在诠释品牌的名字White Glass。这种图形诠释同时也应用到了咖啡豆包装、罐子、咖啡杯、甜甜圈盒子和包装纸上。

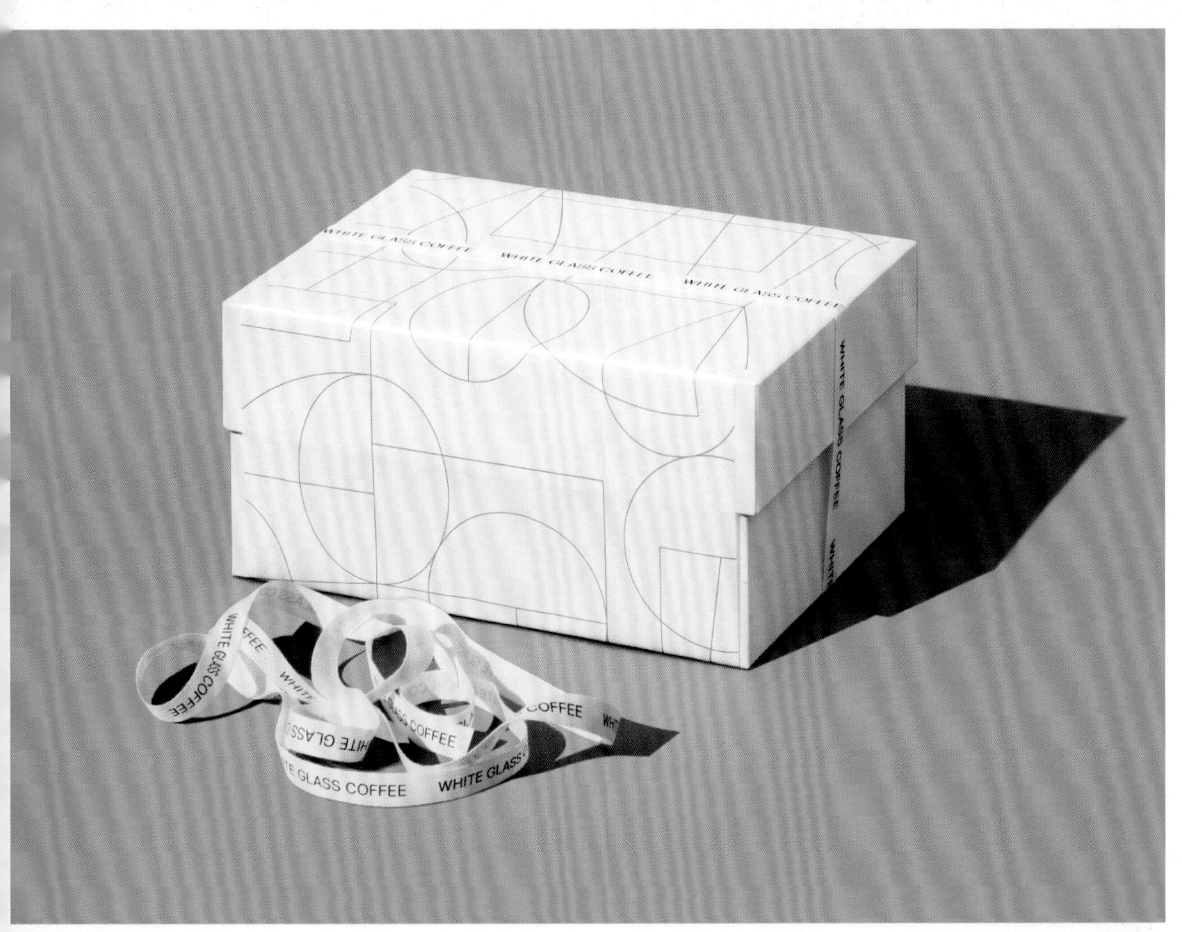
WHITE GLASS COFFEE
WHITE GLASS COFFEE
WHITE GLASS COFFEE

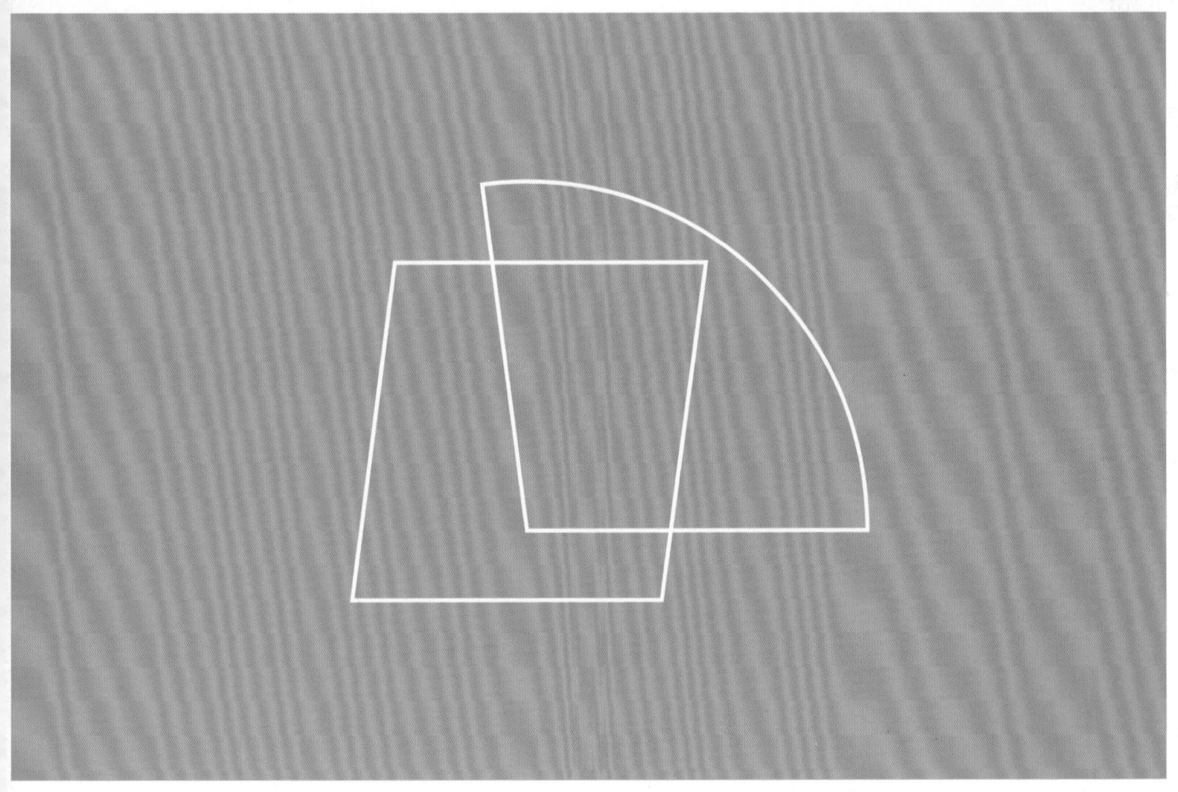

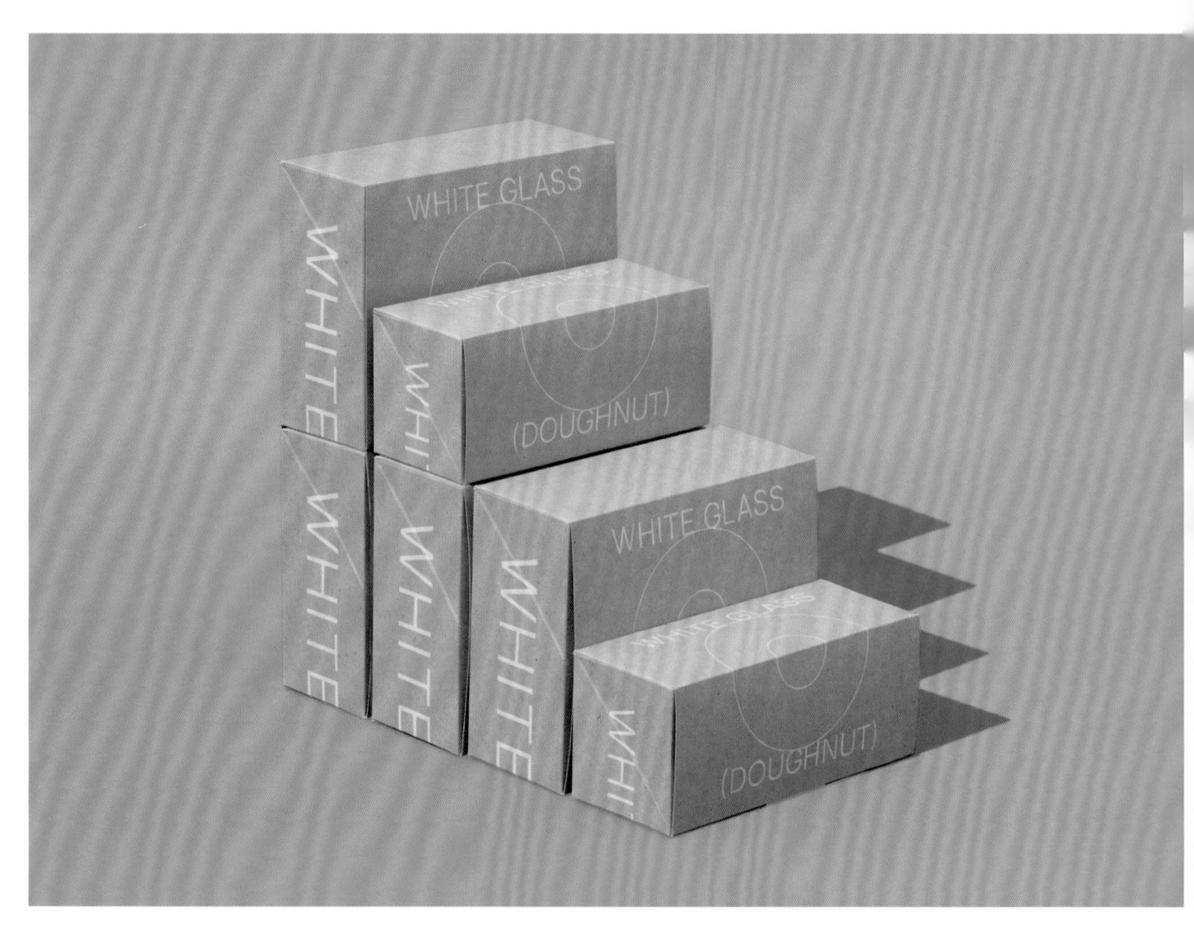
WHITE GLASS
WHITE
(DOUGHNUT)
WHITE GLASS
WHITE
(DOUGHNUT)

WHITE
GLASS
ETHIOPIA
SINGLE
WHITE
WHITE
GLASS
ETHIOPIA
SINGLE
WHITE
WHITE
GLASS
ETHIOPIA
SINGLE
WHITE

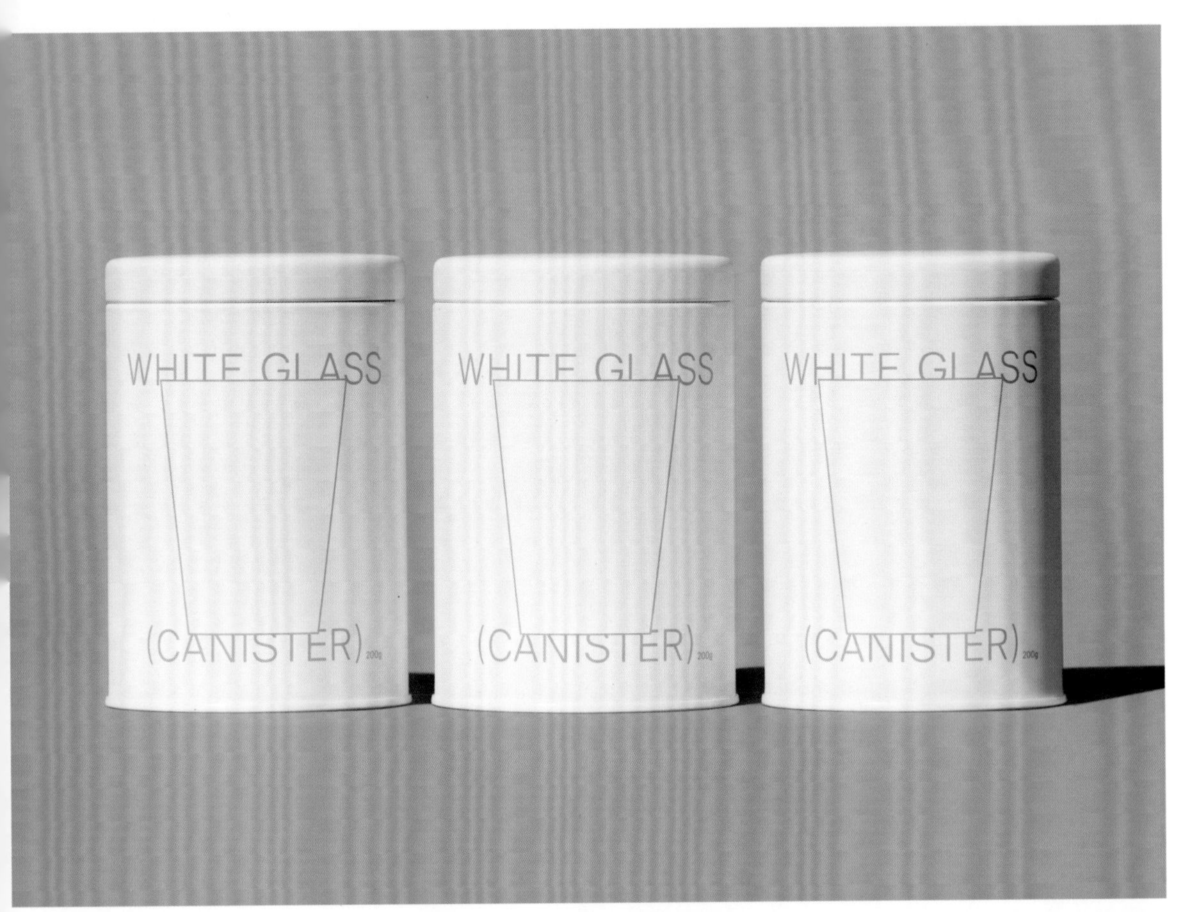
WHITE GLASS
(CANISTER)
WHITE GLASS
(CANISTER)
WHITE GLASS
(CANISTER)

WHITE
GLASS
COFFEE
WHITE GLASS COFFEE

Co. Means Coffee

Nezalezhnosti Avenue, 10 A , Kharkiv, Kharkiv Oblast, Ukraine.

设计机构:Canape Agency

设计师:Daria Stetsenko

Co. Means Coffee是一家位于商业中心的宠物友好咖啡店。由于品牌名字的Co让人联想到咖啡、可可或者company的缩写,设计师决定把这种联想融入到品牌标志之中,采用钴蓝色和奶牛的形象。温暖的粉色和褐色衬托并凸显了蓝色,奶牛的形象尽可能地描绘得简洁、温和,它象征着咖啡店的友好形象,并增添了玩味的感觉。Logo的字体混用了衬线体和无衬线体,暗指品牌的朴素品质和年轻活力。

Co.
MEANS
COFFEE
info@coffee.co.ua
Харьков,
пр-т Правды, 10а
+38 050 423 25 26

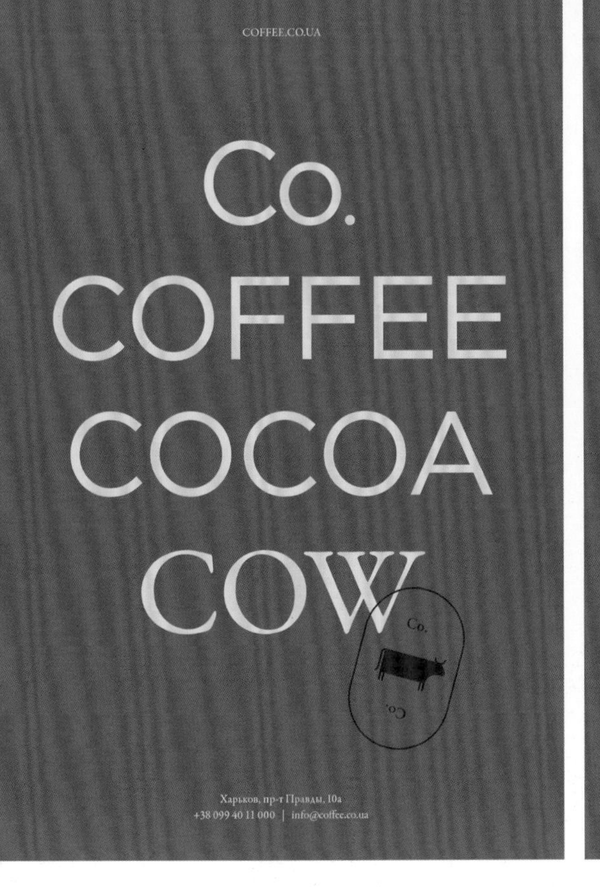
COFFEE.CO.UA
Co.
COFFEE
COCOA
COW
Харьков, пр-т Правды, 10а
+38 099 40 11 000 | info@coffee.co.ua

Co.
MEANS
COFFEE
07:30—22:00
SEVEN DAYS
A WEEK

Co.
MEANS
COFFEE

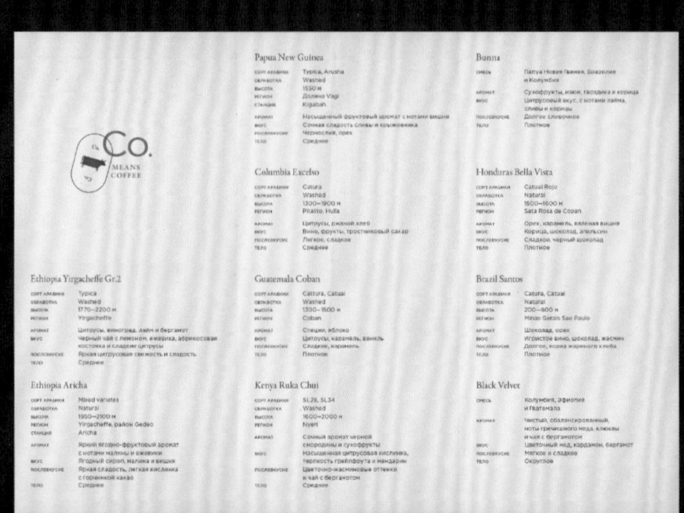
Co.
MEANS
COFFEE
Papua New Guinea
Bunna
Columbia Excelso
Honduras Bella Vista
Ethiopia Yirgacheffe Gr.2
Guatemala Coban
Brazil Santos
Ethiopia Aricha
Kenya Ruka Chui
Black Velvet

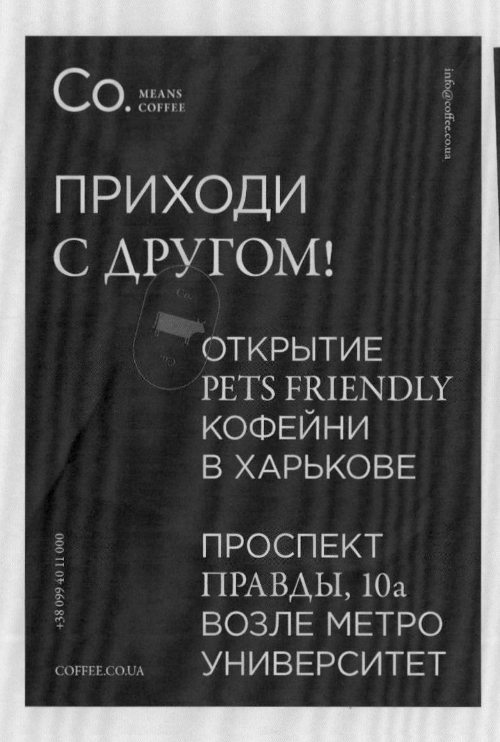
Co. MEANS COFFEE
info@coffee.co.ua
ПРИХОДИ
С ДРУГОМ!
ОТКРЫТИЕ
PETS FRIENDLY
КОФЕЙНИ
В ХАРЬКОВЕ
ПРОСПЕКТ
ПРАВДЫ, 10а
ВОЗЛЕ МЕТРО
УНИВЕРСИТЕТ
+38 099 40 11 000
COFFEE.CO.UA

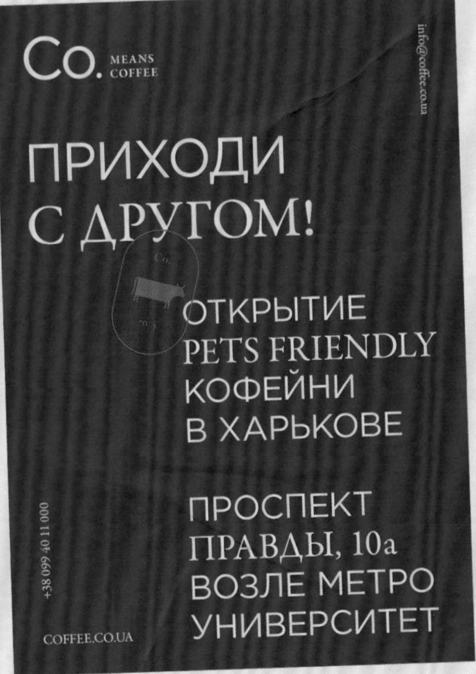
Co. MEANS COFFEE
info@coffee.co.ua
ПРИХОДИ
С ДРУГОМ!
ОТКРЫТИЕ
PETS FRIENDLY
КОФЕЙНИ
В ХАРЬКОВЕ
ПРОСПЕКТ
ПРАВДЫ, 10а
ВОЗЛЕ МЕТРО
УНИВЕРСИТЕТ
+38 099 40 11 000
COFFEE.CO.UA

Co.
Co.
COFFEE.CO.UA

CO.
MEANS
COFFEE
COFFEE.CO.UA

The Roasters

547-6 Okawachi, Wakayama, 640-0316, Japan

设计机构：Emuni

设计师：Masashi Murakami, Moe Shibata

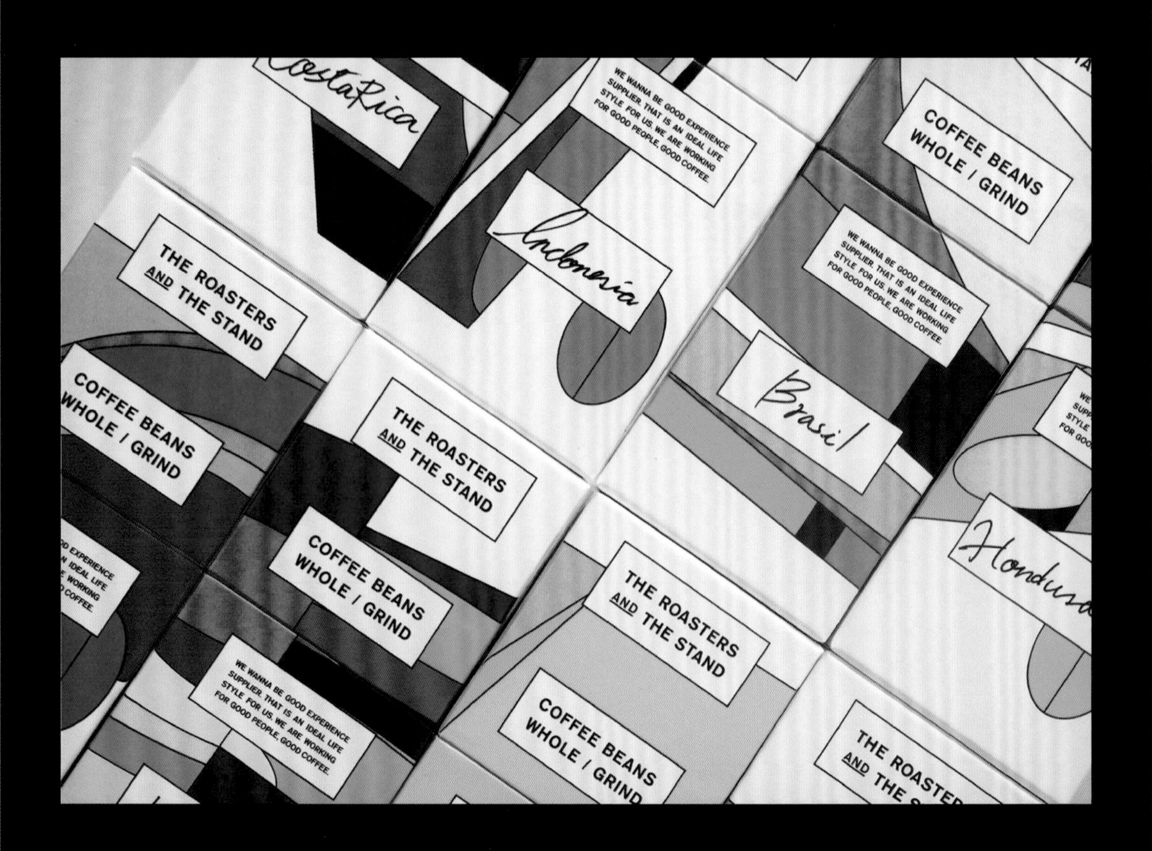

这是The Roasters特制咖啡的包装，这些自家烘烤的咖啡将销往日本各地。每种咖啡的包装色彩和图案都源自咖啡豆原产国的风俗文化，设计师希望能从视觉上折射出味觉特色。

THE ROASTERS
AND THE STAND
COFFEE BEANS
WHOLE / GRIND
WE WANNA BE GOOD EXPERIENCE SUPPLIER. THAT IS AN IDEAL LIFE STYLE FOR US. WE ARE WORKING FOR GOOD PEOPLE, GOOD COFFEE.
Panama
Brasil

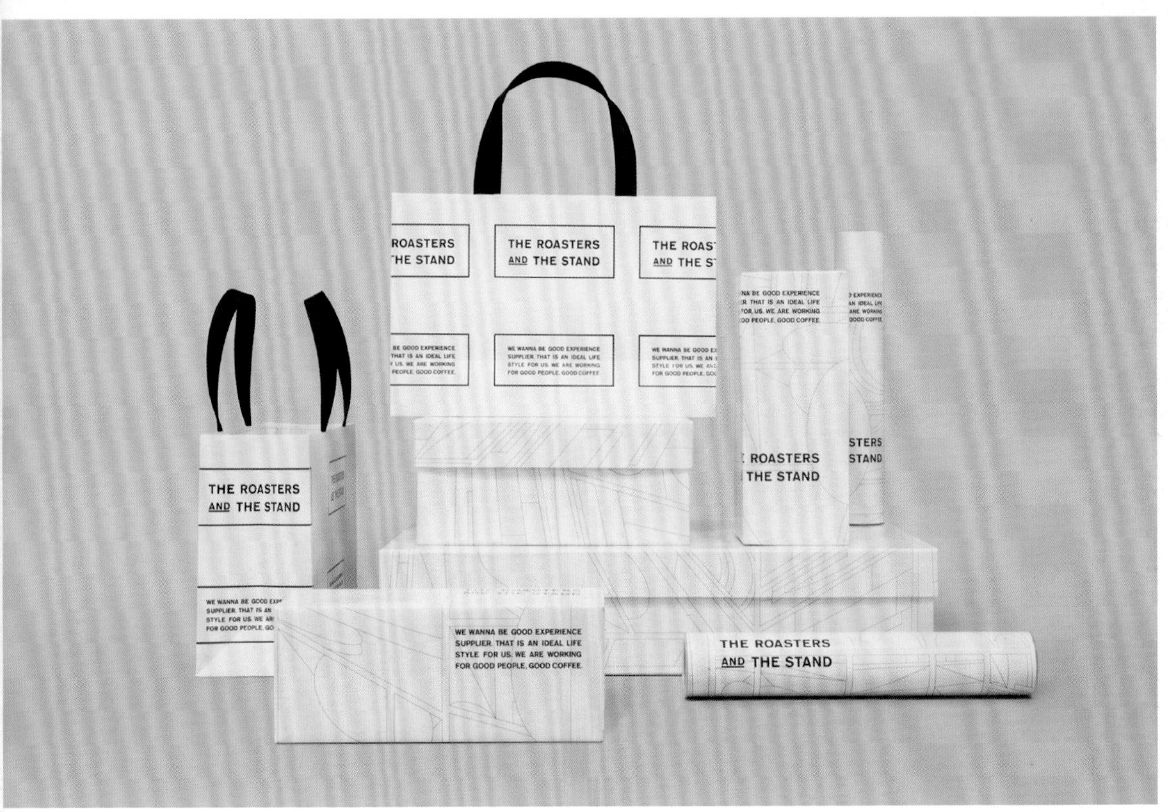
THE ROASTERS
AND THE STAND
WE WANNA BE GOOD EXPERIENCE SUPPLIER. THAT IS AN IDEAL LIFE STYLE FOR US. WE ARE WORKING FOR GOOD PEOPLE, GOOD COFFEE.

Café Michelena

Allende 199-247, Centro Histórico de Morelia, 58000 Morelia, Mich., Mexico

设计机构：Henriquez Lara Estudio

设计师：Javier Henriquez Lara, Pablo Salazar Correa, Lorena Sanchez Aldana, Ivan Soto Camba

这是一家位于市中心的咖啡店兼书店，旨在串联起书本、对话、历史和咖啡。品牌形象设计的灵感来自墨西哥历史人物Mariano de Michelena——墨西哥独立战争的先驱之一，他同时是将咖啡带到墨西哥的第一人，或许也是第一个同时享受书本和咖啡的墨西哥人。设计以一系列复古插画作为主视觉元素，营造出19世纪初期的怀旧风格。

CAFÉ
MICHE
LENA
CAFÉ & LIBRERÍA
MARIANO DE MICHELENA TRAJO
EL CAFÉ A MÉXICO

CAFÉ
MICHE
LENA
CAFÉ & LIBRERÍA
CAFÉ
MICHE
LENA
CAFÉ & LIBRERÍA
CAFÉ & LIBRERÍA

The Assembly Ground

2 Handy Road, #01-21 The Cathay, Singapore 229233

设计机构：Bravo

设计师：Jasmine Lee

The Assembly是一家主打男士服饰的生活方式体验店。为了让顾客在购物之余能有歇息的地方，该品牌特意开设了The Assembly Ground咖啡馆，装修风格定位为经典、多样以及活力，标志的设计以字母A为元素，结合一系列饱满的用色和花纹，创造出多种适应不同活动的标志变式。

STORE STACKED LOGO

THE
ASSEMBLY
STORE

CAFE STACKED LOGO

THE
ASSEMBLY
GROUND

STORE HORIZONTAL LOGO

THE ASSEMBLY

MONOGRAM

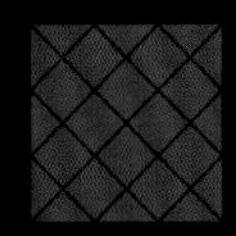

CHICKENWIRE

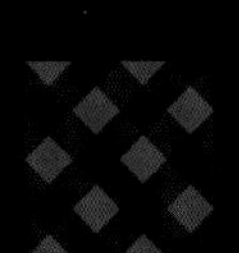

GINGHAM

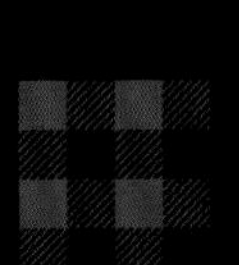

CHECKERED

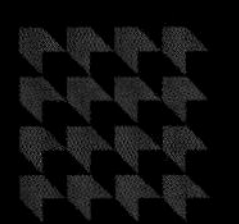

SIMPLIFIED
HOUNDSTOOTH

PINSTRIPE

STRIPES

DIAMOND

HERRINGBONE

WAVE

SANDWICH

ORANGE
143U

SALAD

GREEN
3278U

DESSERT

RED
177U

OTHERS

YELLOW
128U

THE ASSEMBLY

THE
ASSEMBLY
STORE

THE
ASSEMBLY
STORE

THE
ASSEMBLY
CAFE

ASSEMBLY.

The
ASSEMBLY
• Store •
BENJAMIN BARKER

THE ASSEMBLY
BACKSTAGE

THE
ASSEMBLY
GENERAL STORE
• BENJAMIN BARKER •

THE
ASSEMBLY
Store

THE ASSEMBLY
Store

THE assembly STORE

* 品牌设计中未经采用的其他方案

APPETIZERS
SALADS & SOUP
PASTAS
SANDWICHES
BRUNCH
PIZZAS
BURGERS
DESSERTS
THE ASSEMBLY GROUND
THE ASSEMBLY GROUND

THE ASSEMBLY GROUND
DRINK
GOOD
COFFEE
EVERYDAY
READ A
GOOD BOOK
THE ASSEMBLY GROUND

THE
ASSEMBLY
GROUND
THE
ASSEMBLY
GROUND

THE
ASSEMBLY
STORE
THE
ASSEMBLY
STORE

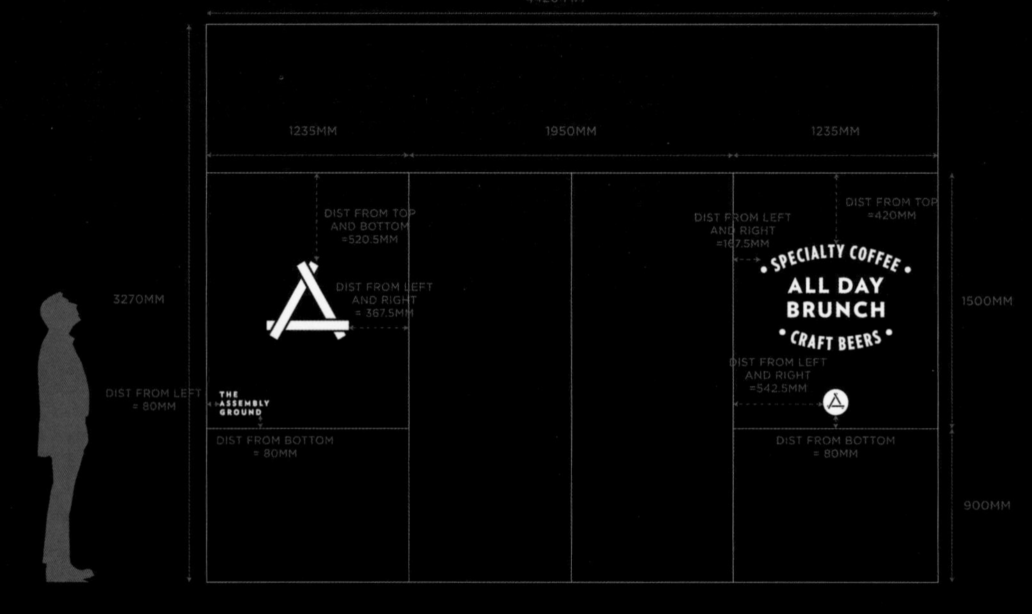
4420 MM
1235MM
1950MM
1235MM
DIST FROM TOP AND BOTTOM =520.5MM
DIST FROM LEFT AND RIGHT = 367.5MM
3270MM
DIST FROM LEFT = 80MM
THE ASSEMBLY GROUND
DIST FROM BOTTOM = 80MM
DIST FROM LEFT AND RIGHT =167.5MM
DIST FROM TOP =420MM
SPECIALTY COFFEE
ALL DAY BRUNCH
CRAFT BEERS
DIST FROM LEFT AND RIGHT =542.5MM
1500MM
DIST FROM BOTTOM = 80MM
900MM

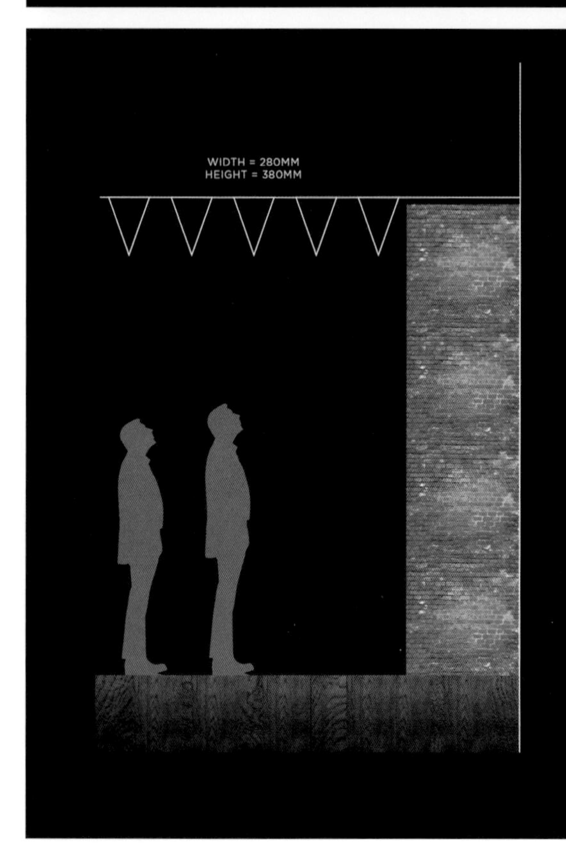
WIDTH = 280MM
HEIGHT = 380MM

THE ASSEMBLY
STORE

G28

SPECIALTY COFFEE
BRUNCH
& DINNER
CRAFT BEERS

GREAT BITES
& FRESH BREWED
COFFEE
WELCOME
TO
THE ASSEMBLY GROUND
COFFEE
& GOOD
COMPANY
EAT WELL
& TRAVEL
OFTEN

London Coffee House

Verkhnii Val St, 18, Kyiv, Ukraine

设计机构：Reynolds & Reyner

设计师：Alexander Andreyev, Artyom Kulik

伦敦是一座有着悠久历史的城市，融入到日常中的忠诚和礼貌是伦敦人引以为豪的品质，因此，以“伦敦”为名的咖啡馆London Coffee House也希望赋予自己的品牌这种感觉。标志的设计采用了象征权利和尊贵的皇冠以及徽章式的元素布局，整体设计运用了象征高贵的紫色，结合格子图纹，有着浓浓的英式味道。

LN

Вариант
5. Best
3. Толщина
Вариант
5. Best
3. Толщина
3. Корона
5. Best

4. Лучший
3. Корона

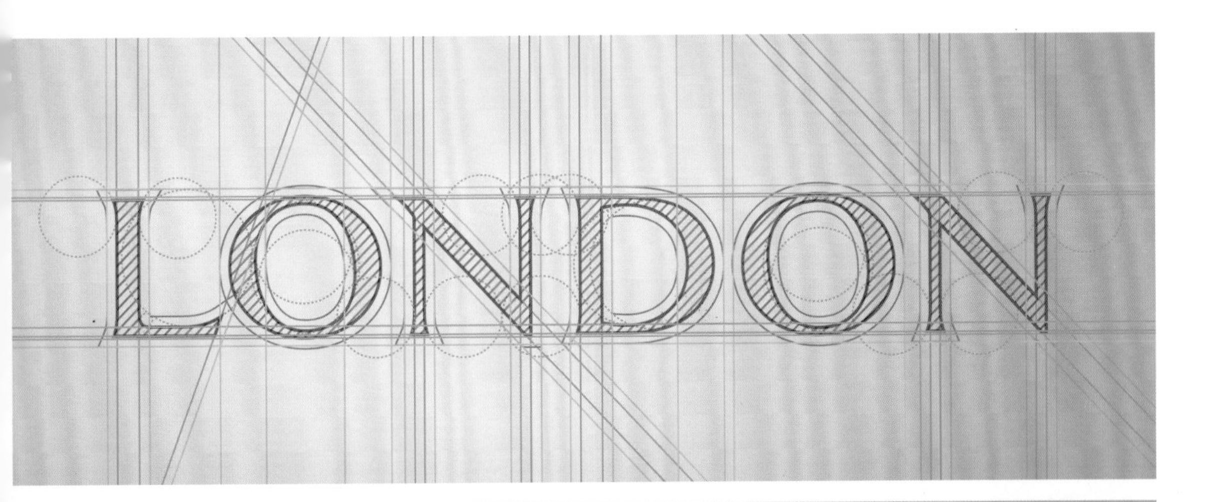
LONDON

LONDON

LONDON

LONDON

LONDON

LONDON

LONDON

LONDON

LONDON

LONDON

LONDON

LONDON
LONDON
LONDON

ESTABLISHEDIN UKRAINE
A NEW LOOK AT MAKING COFFEE
Exclusive recipies
London house of coffee
EXCLUSIVE RECIPIES
HUGE EXPIRIENCE OF COFFEE MAKING
Exclusive recipies
since 2012
Exeptional coffee in our house of coffee. The largest number of coffee recipes
LONDON

Café Diego

Nation Galleria, Al Khubeirah, Abu Dhabi, United Arab Emirates

设计机构：Backbone Branding

设计师：Stepan Azaryan, Narek Matevosyan

Café Diego是一家开在阿布扎比的阿根廷风格咖啡馆。传奇球星迭戈·阿曼多·马拉多纳作为阿根廷知名的符号之一，融入到了品牌设计中，意在让人联想到阿根廷活力四射的后街、建筑和街头艺术。包装袋采用轻薄、易折叠、不渗油的材料，以方便外带使用。

DIEGO
10
CAFE
DIGO
10
CAFE
DIEGO
CAFE
DIEGO
CAFE

DIEGO
10
CAFE
DIEGO
10
CAFE
DIEGO
10
CAFE

DIEGO
10
DIEG
DIEGO
DIEGO
DIEGO
10
DIEGO
DIEGO
10
DIEGO
10

DIEGO
10
DIEGO
DIEGO
DIEGO

DIEGO
10
CAFE

DIEGO

Cafe
Café
Cafe
DIEGO
CAFE
Cafe
DIEGO
10
CAFE
Dieguito
DIEGO
10
CAFE

DIEGO
10
CAFE
EL DIEZ · PELUSA · D10S
Dieguito
DIEGO
10
CAFE
BERRILETE COSMICO

Pelusa
DIEGO
10
CAFE

DIEGO
CAFE
DIEGO
10
CAFE
Dieguito
DIEGO
10
CAFE
EL DIEZ · EL 10 · PELUSA · EL PIBE DE ORO · D1
DIEGO
10
CAFE

Cafe
DIEGO
D M 10 1986
EL DIEZ. 1960
A LITTLE PIECE OF ARGENTINA IN ABU DHABI
EL DIEZ. 1986
BLACK TEA
COFFEE
BEER

Cafe
DIEGO
D M 10
EL PIBE DE ORO
EL DIEZ. 1960

Cafe
DIEGO
DM
10
MESSI
10

34 Weizman St., Kfar Saba, 4424712 Israel

设计机构：Kapsoola

设计师：Anna Geslev, Rona Fromer

Cofix是一个以色列咖啡连锁品牌，以价格合理固定而广受消费者欢迎，店内所有商品统一售价 5 新谢克尔，这一营销策略大大地革新了以色列的咖啡馆市场。设计师选择了一个非常抓耳的品牌名，用色采用对比强烈的黑白色，极简的设计传递出品牌商品价格实惠的重要信息。

cofix
fresh coffee. fixed price
take away
HELLO!
FRESH STUFF
Take Me Away
FRESH COFFEE. FIXED PRICE.
HAVE A GOOD MORNING!
TAKE AWAY / TAKE AWAY
take away take away
pastry pastry
good morning! good morning!
FRESH COFFEE FIXED PRICE
FRESH PASTRY FIXED PRICE
FRESH SNACKS FIXED PRICE

fix

100%
cofix

5 NIS
for any item
on the menu
cofix

8 Pizza

275 Thomson Road, #01-02 Novena Regency, Singapore

设计机构:Lemongraphic

设计师:Rayz Ong

8 Pizza是一家新加坡餐馆,主打 8 款特色披萨,店内供应的咖啡均是为配合披萨风味所制。标志设计中的数字“8”灵感来源于制作披萨面团的“8”字揉面轨迹,而字母“PIZZA”的设计则是店内所用餐具特征的抽象化,整体风格强调复古感和原创性。

Create
Your own
Pizza
FROM $15
STEP 01
Choose a homemade sauces
STEP 02
Choose your ingredients (Choice of 3 vegetables)
STEP 03
Choose your add-on ingredients from list
STEP 04
Choose your toppings (Choice of 2 cheese)
STEP 05
Pizza baking (15mins)
Start from
15.00
ADDITIONAL TOPPING 120GM
Chicken 3.00
Beef 5.00
Seafood 4.00
Pepperoni 5.00
Truffle Oil 2.00
Prosciutta Ham 4.00

Flavors
WORLD
PASTA
ITALIAN
Cheese
SOUP
BREAD
CHEDDAR
TOMATO
Spinach
BUTTER
Pizza
Create
Pizza
Beverage

8 PIZZA

MENU

The Beginning

Antipasto **18.00**

Egg Plant Casserole **9.90**

Bruschetta **10.90**

Caesar Salad with Chicken and Crouton **8.90**

Braised Meat Ball w Chorizo and Cheese **14.90**

Hand Cut French Fries w Truffle Béarnaise **10.00**

Light Mushroom Soup with Puff Pastry **7.00**

Nutty Pumpkin Soup **6.00**

Garlic Bread **3.00**

OUR SIGNATURE

Flavors OF THE WORLD

TRIPLE CHEESE "COMFORT" **16.00**

Cheddar | Camembert | Emmental | Vine Fresh Cherry Tomato | Cu

TROPICAL "THOUGHTS" **14.00**

Pineapple | Pepperoni | Marinated Feta with Thyme oil | Carameli
| Arugula | Light Lemon Cream Cheese

SEAFOOD "STEW" ON FLAT BREAD **18**

Crabmeat | Mussel | Bacon & Onion | Yuzu Emulsion | Aged Bonito

TRUFFLE "SCENTED" ON EARTH **20.**

Truffle Soft Scramble | Corn | Cabbage | Smoked Salmon | Seaweed c

ROASTED CHICKEN "SRIRACHA" **16.C**

Roasted Chicken | Red Pepper Jam | Chilli Powder | Ginger | Crus
| Lime Sour Cream

BEEF AND MUSHROOM "FOREST" IN WILDER

Mince Beef Ball | Mushroom Stew | Masala | Chilli | Lime | Crushed
| Spinach | Yoghurt "Cheddar" Glaze

BACK TO THE FUTURE "PISSALADIERE" UNFORGOTTEN

Mozzarella | Braised Onion | Green Olive | Parsley

9 MONTHS (VINEGAR) CHEEK **26.00**

Braised Beef Cheek | Aged Balsamic Vinegar | Baby Spinach |
| Pommery Mustard | BBQ Glaze

PIZZA

Create Your own Pizza

STEP 01
Choose your sauces

STEP 02
Choose your ingredients

STEP 03
Choose your Topping

STEP 04
Waiting Time 15mins

Start from

12.00

ADDITIONAL TOPPING 120GM

Chicken	3.00	Pepperoni	5.00
Beef	5.00	Truffle Oil	2.00
Seafood	4.00		

Chilled Pasta

SAKURA 12.00
Seaweed | Sesame Dressing

TUNA 10.00
Sweet Pepper | Yuzu Dressing

SALMON ROE 12.00
Cucumber | Egg | Tomato | Dill | Prickled Vegetables

SMOKED SALMON 14.00
Sour Cream | Garlic Chip

Hot Pasta

PULLED PORK 14.00
Pork Stock | Garlic Cream

BRAISED BEEF 18.00
Pickled Baby Onion | Prosciutto Ham

SMOKED DUCK 15.00
Corn | Parsley

SEA URCHIN 22.00
Crab | Egg | Chive

BEVERAGE

Hot Coffee

ESPRESSO	3.50
DOUBLE ESPRESSO	4.00
ESPRESSO MACCHIATO	3.80
LONG BLACK	4.50
PICCOLO LATTE	4.50
CAPPUCCINO	5.00
FLAT WHITE	5.00
CAFFE LATTE	5.00
CAFFE MOCHA	5.50
AFFOGATO	6.00

Iced Coffee

ICED LONG BLACK	5.00
ICED LATTE	5.50
ICED CAPPUCCINO	5.50
ICED MOCHA	5.50

Tea

GRYPHON TEA	5.00

Additional

ESPRESSO	1.00
SOYMILK	1.00
HOT / ICE CHOCOLATE	4.50

Hêrmann Thômas Coffee Masters

Calle 2 (Avs. 1 y 3), 94500 Córdoba, Veracruz, México

设计机构：mxTAD

设计师：Merche C. Esnal, Adolfo Meneses, Mr. Power, Fernanda Miranda, Monir Jimenez, Mauricio Romero

Phil Hêrmann和Bree Thômas共同创建了这家希望让人得到灵感启发的咖啡馆，店内长期放置着大量专业的建筑、设计、烹饪类书籍。设计师从这对情侣档经营者入手，以他们两人的形象为蓝本，设计了“鹿先生”和“兔小姐”两个身着礼服的角色。标志的设计延续这一概念，是鹿角和兔耳的抽象化，同时是字母“H”和“T”的结合。店内的餐巾纸、糖包、咖啡粉以及室内装潢将这两个虚拟形象丰满起来，使得Hêrmann Thômas处处充满了复古怀旧气息。

COFFEE MASTERS™

Kaldi Café

Victoria 309, Centro, Zona Centro, 31000 Chihuahua, Chih., Mexico

设计机构：Estudio Yeyé

Kaldi是一家经营超过十年的咖啡馆，店主希望重新设计其品牌形象，突出“为客人做好一杯咖啡”的理念。设计师汲取希腊和埃及标志性的设计元素，绘制出结合现代感和民族风的插画，希望唤起顾客对古老文化和历史的关注。

1 KG
1/2 KG
1/4 KG
1 KG

BOLIVAR 208
EL MEJOR CAFÉ
DE MÉXICO
diez 10 años
20 CALENDARIO 13
KALDI
EST. Café 2002
y muchos amigos
PARA LOS MEJORES
LIBERTAD 1505

CH M G
CHOCOLATE CALIENTE 33 37 41
KALDI KID 30
MASALA CHAI LATTE 33 37 41
TES Y TISANAS 26 31 35
TÉ LATTE 33 37 41
G
CAPPUCCINO FRAPPE 40
MOKA FRAPPE 45
CARAMELO FRAPPE 48
KALDI FRAPPE 49
LATTE ROCKS 40
G
CHOCOLATE FRAPPE 43
TÉ FRIO 40
CHAI FRAPPE 45
SODA ITALIANA 40

SABOR
CLÁSICO
K
RICO AROMA
FINA MOLIENDA

KALDI

Swing Coffee

1F., No.65, Songjiang Rd., Zhongshan Dist., Taipei City 104, Taiwan, China

设计机构：Transform Design

Swing Coffee是一家中国台北的咖啡馆，设计师从店名的"swing"一词出发，将标志设计得犹如咖啡的渺渺飘香。品牌整体的浅棕色调展现了宁静和亲切的感觉。宣传标语"Good Things Take Time"（好物需等待）强调了Swing Coffee对咖啡品质的专注和耐心。

LOGO VERSIONS

LOGO USAGE

MINIMUM PRINT SIZE

S CLEAR SPACE

SLOGAN

GOOD THINGS
TAKE TIME

100%

GOOD THINGS
TAKE TIME

70%

GOOD THINGS
TAKE TIME

50%

APPLICATION TYPOGRAPHY

Aa

DIN Cond

Light | **Medium**

ABCDEFGHIJKLMNOPQRSTUVWXYZ
abcdefghijklmnopqrstuvwxyz
0123456789

Aa

Avenir Next

Ultra Light | Regular | Medium | Demi Bold | **Bold** | **Heavy**

ABCDEFGHIJKLMNOPQRSTUVWXYZ
abcdefghijklmnopqrstuvwxyz
0123456789

拾運
商行

華康儷黑

細黑 | 中黑 | 粗黑

主要標題及任何強調之中文文字請使用此字系列編排
英文、數字、符號或其他語言文字請使用英文字形。

STANDDARD COLOURS

PANTONE NEUTRAL BLACK U
C73 M68 Y68 K28
R76 G72 B69

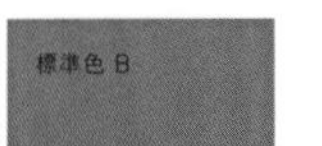

PANTONE 466 U
C28 M38 Y52 K0
R197 G164 B126

AUXILIARY COLOURS

PANTONE 7690 U
C74 M47 Y25 K0
R76 G126 B165

PANTONE 7401 U
C1 M14 Y42 K0
R255 G228 B163

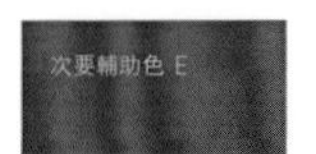

PANTONE ORANGE 021 U
C0 M71 Y77 K0
R255 G108 B44

品牌顏色使用比例規範

由於品牌顏色較多為了維持品牌調性的一致性，使用品牌色彩時請參照以下色彩使用比例。

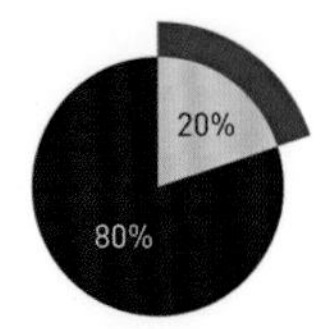

任一標準色A或B＋
任一主要輔色C或D

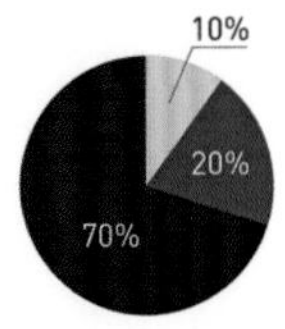

任一標準色A或B＋
雙主要輔色C和D

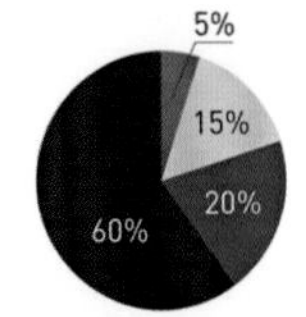

任一標準色A或B＋
雙主要輔色C和D＋
次主要輔色E

BACKGROUND COLOURS

為了避免品牌標誌與背景的應用上發生識別度不清的問題，使用時請務必遵守品牌標誌與背景色的規範，同時也請注意保持品牌標誌的識別與清晰度。最後，品牌標誌均不可使用於過於複雜的背景上。

GOOD THINGS
TAKE TIME
SWING
COFFEE
ESPRESSO DRINKS 義式咖啡
FLAVORED LATTE 風味拿鐵
SPECIAL BLEND
SINGLE ORIGIN 單品咖啡
OTHERS 其他飲品
FRAPPE 冰沙
MARIAGE FRÈRES TEA 法國瑪黑兄弟茶

GOOD THINGS
SWING
COFFEE
TAKE TIME

SWING
COFFEE
GOOD THINGS
SWING
COFFEE
TAKE TIME
SWING COFFEE

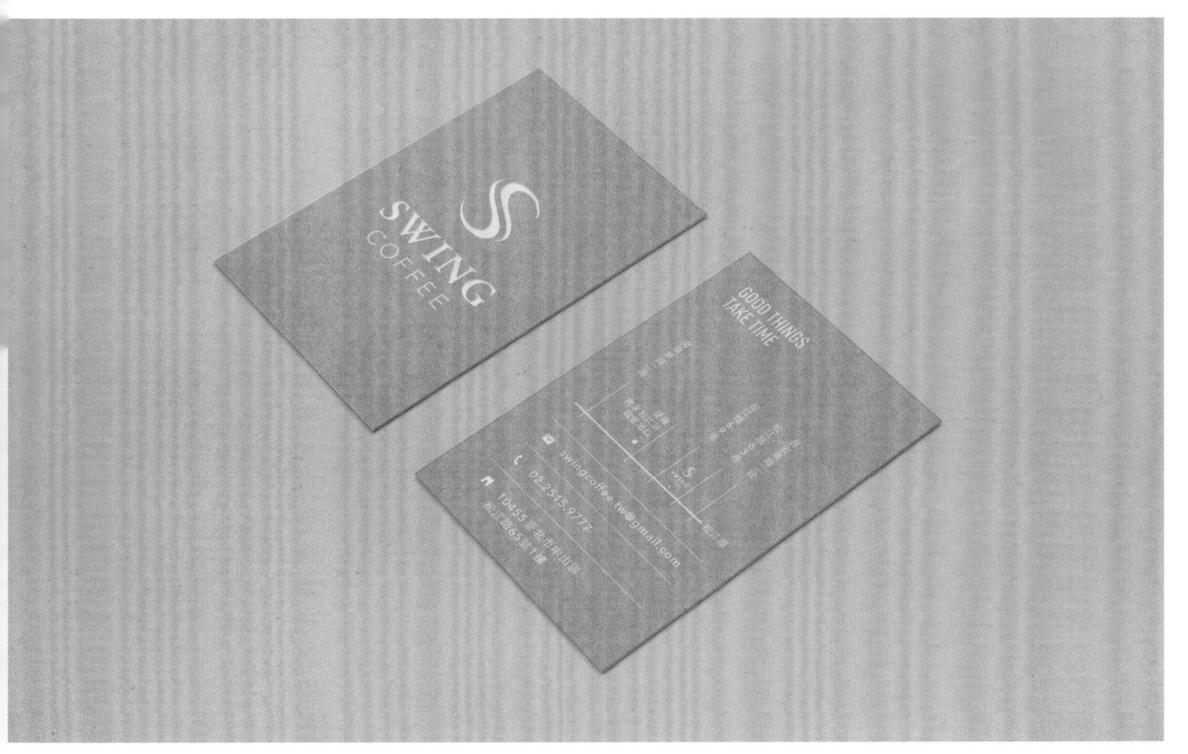
SWING
COFFEE
GOOD THINGS
TAKE TIME
swingcoffee.tw@gmail.com
02.2515.9777
10455 臺北市中山區

Coffee Supreme

52 Tyler Street, Britomart, Auckland, New Zealand

设计机构：Hardhat

设计师：Nik Clifford, Jenny Miles

Coffee Supreme是新西兰最大的独立咖啡烘焙商和供应商之一。设计工作室Hardhat更新了其品牌形象，将品牌臻于至善的品质，对咖啡文化的热爱以及提供价格公道的咖啡的宗旨通过视觉传递出去。新的品牌设计启用了很多手绘的插画，配合强烈对比的用色，突出了品牌品质的可靠和专业。

Coffee SUPREME 6oz
1 KG
TOP STORY
WEIGHT ONE KILOGRAM
KG
111
FIND US
TO:
3 KG
COFFEE SUPREME
COFFEE SUPREME
THREE
SINGLE ORIGIN
ETHIOPIAN
YIRGACHEFFE
FAIR TRADE
ORGANIC
WITH COMPLIMENTS
Var 11.25 E
AUCKLAND
EAST CAPE
WELLINGTON
SUPREME
WE ARE COFFEE
Var 16.16 E
Var 16.24 E
The Traps
ROASTED DAILY
SUPREME
COFFEE SUPREME
ONE
3 KG
ROASTED DAILY
C S
Coffee
SUPREME
10/10
1 KG
33
FROM:
COFFEE SUPREME
DATE:
BOXER BLEND
CAFE LOCATOR
OPEN
COFFEE
supreme
*Shop online
KILO

COFFEE SUPREME
COFFEE SUPREME
Coffee SUPREME
COFFEE SUPREME
ROASTING DAILY
Coffee
SUPREME

Le Marché Cafe

1700 SW 2nd Ave, Miami, FL 33129 USA

设计师:Jiani Lu

Le Marché Cafe是迈阿密一家为街坊服务的咖啡馆,还提供精美餐点。品牌的商标字体采用了无衬线字体的架构,但配以钝的衬线,其整体以棕色和橙色为主配色。

LE
MARCHÉ
CAFE
GOURMET COFFEE & BAKERY
STEPHANIE SCHWANDER
CO-OWNER
Stephanie@lemarchecafe.com
(786) 655 - 7200
Le Marché Cafe
1700 SW 2ND AVE.
Miami, FL 33129
www.lemarchecafe.com
Le Marché Cafe
1700 SW 2ND AVE.
Miami, FL 33129
Le Marché Cafe
1700 SW 2ND AVE.
Miami, FL 33129
www.lemarchecafe.com

LE
MARCHÉ
CAFE
LE
MARCHÉ
CAFE

Kuppa Roastery & Café

Commercenter Bldg., 31st St. Cor., 4th Ave., Bonifacio Global City, 1600 Taguig City, Philippines

设计机构：Serious Studio

设计师：Tintin Lontoc, Deane Miguel, Lester Cruz, Claudine Santos

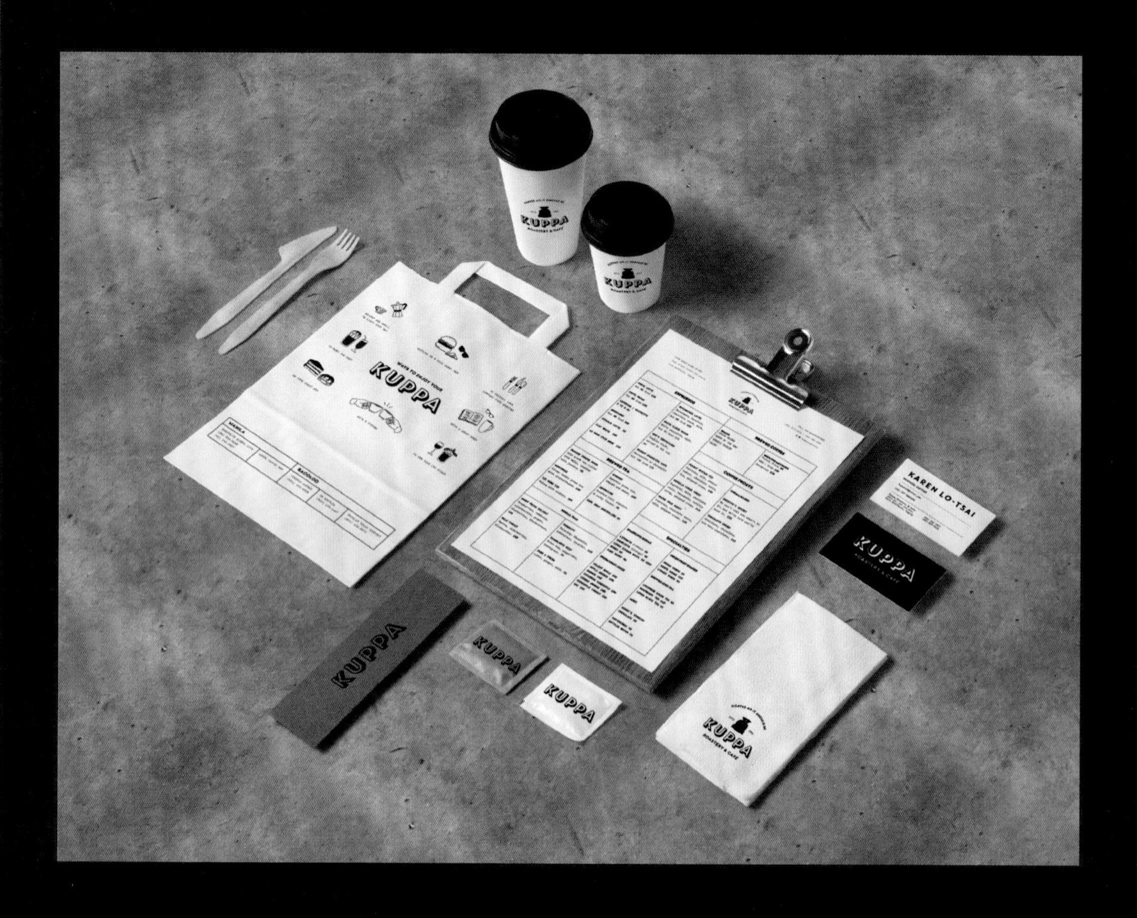

Kuppa是一家深受第三波咖啡浪潮影响的咖啡馆，极力推广咖啡是一种手工艺产品，而不是可量化生产的工业品的理念。作为最早推广这一理念的咖啡品牌，Kuppa的品牌形象着力于强调咖啡文化元素，包括烘焙机、茶杯、拉花艺术等。

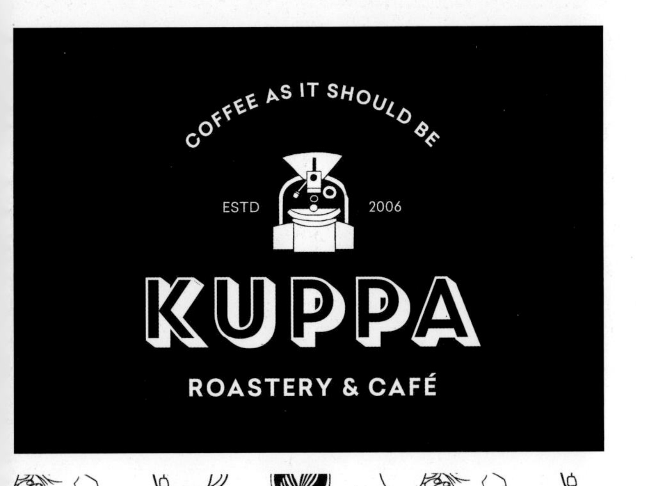
COFFEE AS IT SHOULD BE
ESTD
2006
KUPPA
ROASTERY & CAFÉ

COFFEE AS IT SHOULD BE
ESTD
2006
KUPPA
ROASTERY & CAFÉ

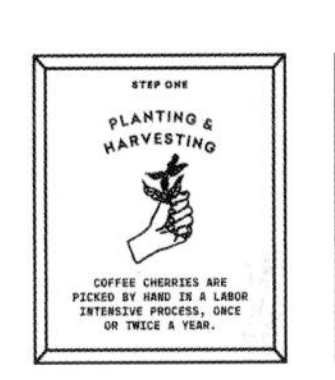
STEP ONE
PLANTING & HARVESTING
COFFEE CHERRIES ARE PICKED BY HAND IN A LABOR INTENSIVE PROCESS, ONCE OR TWICE A YEAR.

STEP TWO
PROCESSING THE BEANS
ONCE THE COFFEE HAS BEEN PICKED, THEY ARE EITHER SUN-DRIED OR DEPULPED TO PREVENT SPOILAGE

STEP THREE
DRYING & SORTING
THE BEANS ARE DRIED TO PREPARE FOR STORAGE AND ENCASED IN PARCHMENT, READY FOR EXPORT

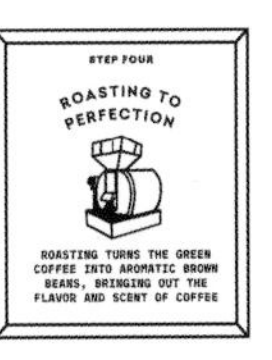
STEP FOUR
ROASTING TO PERFECTION
ROASTING TURNS THE GREEN COFFEE INTO AROMATIC BROWN BEANS, BRINGING OUT THE FLAVOR AND SCENT OF COFFEE

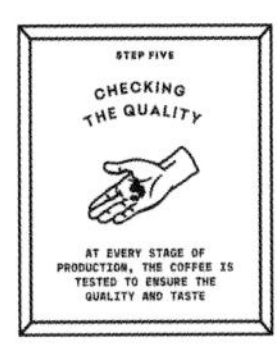
STEP FIVE
CHECKING THE QUALITY
AT EVERY STAGE OF PRODUCTION, THE COFFEE IS TESTED TO ENSURE THE QUALITY AND TASTE

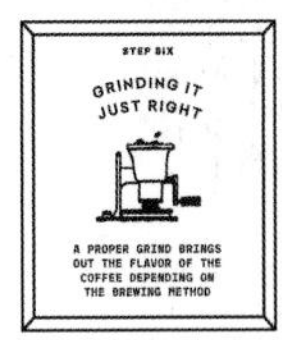
STEP SIX
GRINDING IT JUST RIGHT
A PROPER GRIND BRINGS OUT THE FLAVOR OF THE COFFEE DEPENDING ON THE BREWING METHOD

COME IN, WE ARE
OPEN
SORRY, WE ARE
CLOSED

Coffee'n'Roll

Komsomolskaya ulitsa, 88, Oryol, Orlovskaya oblast', Russia

设计师：Dmitry Neal

Coffee'n'Roll是一家外带日式料理店，外带包装的设计采用了一系列色彩缤纷的几何图形。圆形、斜条纹、波浪线等设计元素的使用都是从出品和用料的特征出发：圆形和斜条纹灵感来源于三文鱼鱼身和鱼肉的纹路，而波浪线则是因为日式料理材料多是海鲜，因此与海浪联系起来。

СЕРВИС ВКУСНОЙ ДОСТАВКИ

Collected Coffee

设计机构：Cumba Co

设计师：Kutan Ural

Collected Coffee是一个只做线上的高端咖啡豆零售品牌，每月都会派送新鲜烘焙的咖啡豆给订阅顾客。为了吸引更多成熟的咖啡爱好者，品牌的设计语言简洁到位，标志取自品牌名字首字母，色调采用了象征忠诚和高贵的皇家蓝，强调品牌的两大品质——高端和专注。

Recipe
BREWER Hario V60
GRIND Medium (19 on Baratza Encore/ Virtuoso/Preciso, 6.75 on EK43)
RATIO 23g coffee 391g water
WATER TEMP 200°F
BREW TIME 4:00
YIELD 350g
TDS 1.35
EXTRACTION 21.34%
Method
1 Add coffee to the rinsed filter and gently shake the V60 to settle the coffee bed.
2 Pour 50g of water over the grounds, saturating the bed. Start your timer.
3 Stir the bed so that all grounds are evenly wet. Once the bed is stirred, let sit until the timer reads 30 seconds.
4 At 30 seconds, pour 100g of water. Pour starting from the center and circle outwards. Once you reach the edge, pour once down the filter to wash any rising grounds back into the brew.
5 Wait until the bed is nearly exposed, then pour another 100g. Repeat until all the water has been added (the last pulse will be 41g larger).
6 When there are no more drips, the brew is complete. Stir coffee and enjoy.
Collected Coffee
Finca La Fortuna
Roasted by
The Barn
Thank you!
Collected Coffee
Collected Coffee
Your passport to the world's coffee
CODE
$7 off your order
enjoycollected
collectedcoffee.com
@collectedcoffee
Collected Coffee
Roasted by
The Barn
Berlin, Germany
Finca La Fortuna
A collection of the world's best coffee
LYNETTE LEE
617 230 2980
lynette @
collectedcoffee.com

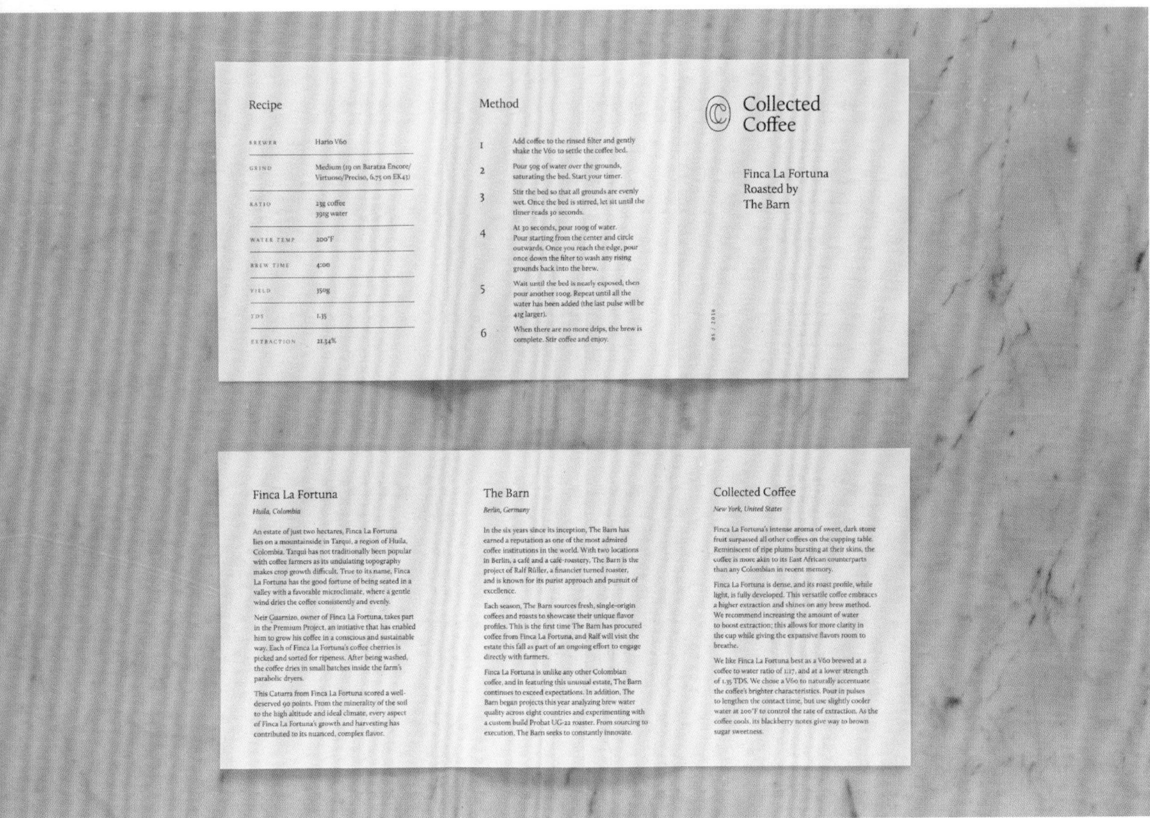

Recipe
BREWER Hario V60
GRIND Medium (19 on Baratza Encore/ Virtuoso/Preciso, 6.75 on EK43)
RATIO 23g coffee 391g water
WATER TEMP 200°F
BREW TIME 4:00
YIELD 350g
TDS 1.35
EXTRACTION 21.34%
Method
1 Add coffee to the rinsed filter and gently shake the V60 to settle the coffee bed.
2 Pour 50g of water over the grounds, saturating the bed. Start your timer.
3 Stir the bed so that all grounds are evenly wet. Once the bed is stirred, let sit until the timer reads 30 seconds.
4 At 30 seconds, pour 100g of water. Pour starting from the center and circle outwards. Once you reach the edge, pour once down the filter to wash any rising grounds back into the brew.
5 Wait until the bed is nearly exposed, then pour another 100g. Repeat until all the water has been added (the last pulse will be 41g larger).
6 When there are no more drips, the brew is complete. Stir coffee and enjoy.
Collected Coffee
Finca La Fortuna
Roasted by
The Barn
Finca La Fortuna
Huila, Colombia
An estate of just two hectares, Finca La Fortuna lies on a mountainside in Tarqui, a region of Huila, Colombia. Tarqui has not traditionally been popular with coffee farmers as its undulating topography makes crop growth difficult. True to its name, Finca La Fortuna has the good fortune of being seated in a valley with a favorable microclimate, where a gentle wind dries the coffee consistently and evenly.
Neir Guarnizo, owner of Finca La Fortuna, takes part in the Premium Project, an initiative that has enabled him to grow his coffee in a conscious and sustainable way. Each of Finca La Fortuna's coffee cherries is picked and sorted for ripeness. After being washed, the coffee dries in small batches inside the farm's parabolic dryers.
This Caturra from Finca La Fortuna scored a well-deserved 90 points. From the minerality of the soil to the high altitude and ideal climate, every aspect of Finca La Fortuna's growth and harvesting has contributed to its nuanced, complex flavor.
The Barn
Berlin, Germany
In the six years since its inception, The Barn has earned a reputation as one of the most admired coffee institutions in the world. With two locations in Berlin, a café and a café-roastery, The Barn is the project of Ralf Rüller, a financier turned roaster, and is known for its purist approach and pursuit of excellence.
Each season, The Barn sources fresh, single-origin coffees and roasts to showcase their unique flavor profiles. This is the first time The Barn has procured coffee from Finca La Fortuna, and Ralf will visit the estate this fall as part of an ongoing effort to engage directly with farmers.
Finca La Fortuna is unlike any other Colombian coffee, and in featuring this unusual estate, The Barn continues to exceed expectations. In addition, The Barn began projects this year analyzing brew water quality across eight countries and experimenting with a custom build Probat UG-22 roaster. From sourcing to execution, The Barn seeks to constantly innovate.
Collected Coffee
New York, United States
Finca La Fortuna's intense aroma of sweet, dark stone fruit surpassed all other coffees on the cupping table. Reminiscent of ripe plums bursting at their skins, the coffee is more akin to its East African counterparts than any Colombian in recent memory.
Finca La Fortuna is dense, and its roast profile, while light, is fully developed. This versatile coffee embraces a higher extraction and shines on any brew method. We recommend increasing the amount of water to boost extraction; this allows for more clarity in the cup while giving the expansive flavors room to breathe.
We like Finca La Fortuna best as a V60 brewed at a coffee to water ratio of 1:17, and at a lower strength of 1.35 TDS. We chose a V60 to naturally accentuate the coffee's brighter characteristics. Pour in pulses to lengthen the contact time, but use slightly cooler water at 200°F to control the rate of extraction. As the coffee cools, its blackberry notes give way to brown sugar sweetness.

Peat Me

Nizhniy Susalnyy Street, 5c1, Moscow, Russia 105064

设计机构：YellowBrand

设计师：Evgeny Shiskarev

Peat Me是由一群热爱独角兽的朋友一起开的咖啡馆。设计师以独角兽为主题设计了一个马头前额是餐叉而不是兽角的标志。而包装的设计灵感来源于莫斯科街头随处可见的穿运动鞋和玩滑板的年轻人。

eat me
eat me

eat me
eat a pita

eat me

горячие
питы
и
свежемолотый
кофе
каждый
день

eat me
во-
первых
это
красиво!

Square One Coffee Roasters

249 S. 13th St. Philadelphia, PA 19107, USA

设计机构：Pop & Pac

Square One Coffee Roasters是一家初创的咖啡烘焙公司，同时开设自己的咖啡店，所采用的咖啡豆多来自非洲和中美洲，烘焙工艺和相应的风味别具一格，设计的灵感也基于此。包装采用了不同的色彩来代表不同种类的咖啡：红色代表浓缩咖啡，蓝色代表单一产地咖啡，绿色代表过滤式咖啡。不同于经典的设计偏好，该品牌的包装元素取自光在特殊材质的纸上所呈现的效果，展现出新公司求新求异的气质。

SQUARE ØNE

Combi Coffee

设计机构：327 Creative Studio

设计师：Mafalda Portal, Inês Vieira, Ana Noversa

Combi Coffee是一家流动咖啡店，这一经营模式在葡萄牙波尔图非常流行。餐车的黑白和橄榄绿用色都是手工上漆，让咖啡店更具生活气息。设计以一套几何形咖啡杯图标为传达的基础元素，呈现所用材料（如咖啡、牛奶等）的分量，直观地表现出不同的咖啡品类。

Combi
COFFEE TRUCK
Combi
Combi
Combi
GRAB & GO

GRAB & GO
Combi

Combi

Combi
960 000 321
WWW.COMBICOFFEE.PT

COFFEE SMOOTHIES & TEA
COFFEE INSIDE
SMOOTHIES BATIDOS
ÁGUA WATER
CHÁ HOT/ICE TEA
CAPPUCCINO
MOCHA
CAFÉ DE BACO DRIP COFFEE

Micio Caffè

No. 60, Section 3, Nuzhong Road, Yilan City, Yilan County, Taiwan 260, China

设计机构:Transform Design

“Micio”是意大利语“猫咪”的意思,这个品牌名源自街区附近一只生命力非常旺盛的猫咪,咖啡店店主希望将坚强活着这一精神传递下去,因此咖啡馆的形象充分地运用了猫的元素,标志用几何图形抽象地描绘了猫的面部特征,整体风格简洁有力。

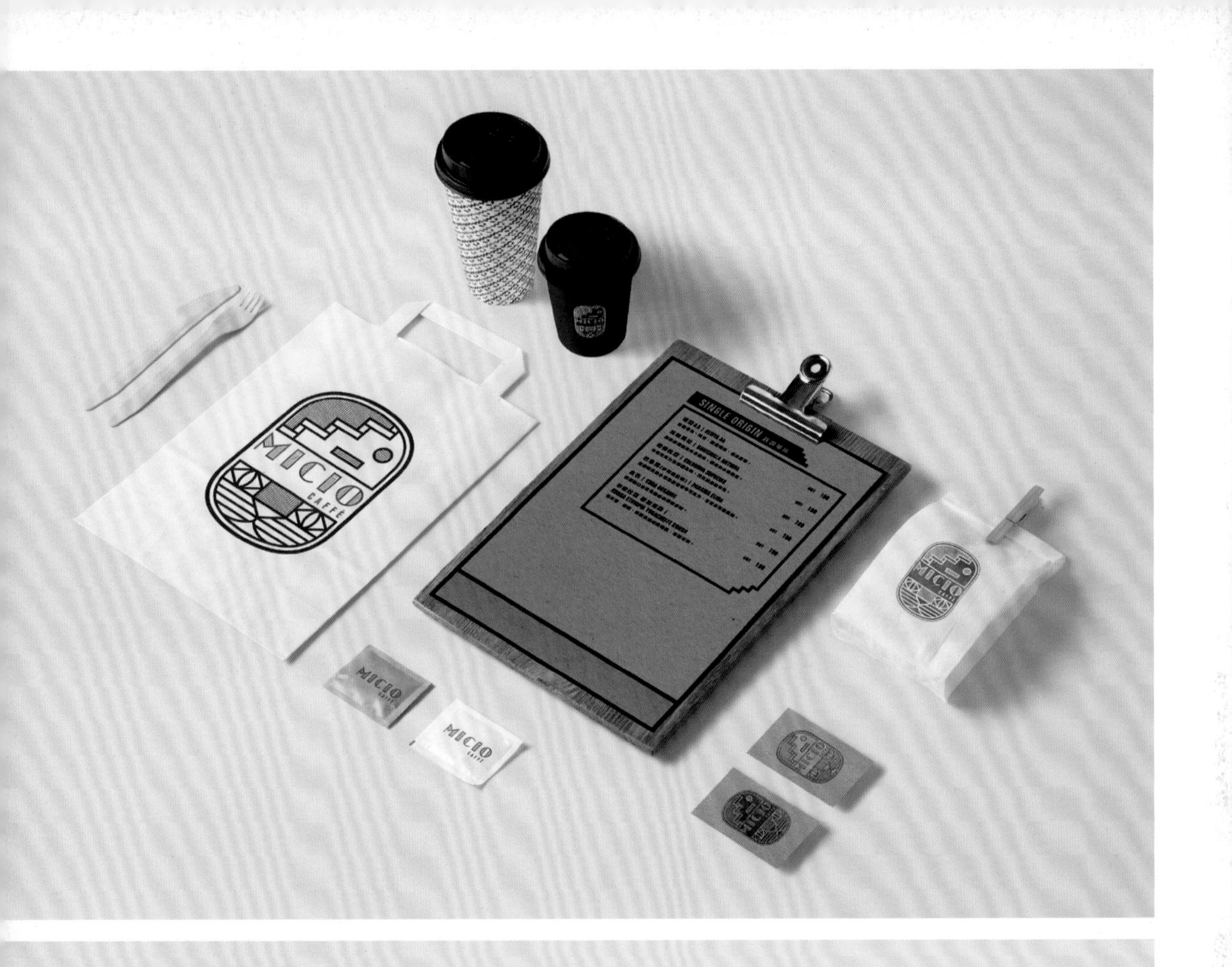
SINGLE ORIGIN
MICIO
CAFFÈ

MICIO
CAFFÈ
MICIO
CAFFÈ

Nord Coffee Roastery

设计机构：Cumba Co

设计师：Kutan Ural

Nord Coffee Roastery是随着第三波咖啡浪潮而诞生的品牌，为了区别于其他品牌，设计师从品牌名称入手，着力强调北欧的简洁风格。标志的设计没有一丝多余的装饰，简洁明了。包装采用最基本的几何图形——圆形、线条、点。包装袋上的同心圆线条灵感来源于极光这一最具北欧形象的元素。

NORD
COFFEE
ROASTERY
NORD
COFFEE
ROASTERY
NORD
COFFEE
ROASTERY
ESPRESSO
Kenyan
NORD
COFFEE
ROASTERY
ESPRESSO
Ethiopian

NORD
COFFEE
ROASTERY
NORD
COFFEE
ROASTERY

Rue Antoine Dansaert 196, 1000 Brussels, Belgium

设计师：Matthias Deckx

MOK Specialty Coffee Roastery & Bar是一家比利时的精品咖啡烘焙公司。设计师运用基础的几何图形将品牌名"MOK"设计成字母交织商标，同时也可以作为宣传资料的图案元素。商标也被拆分成三个基础图形，分别代表浓缩咖啡、过滤式咖啡和Omni Roast咖啡。另外，包装的标签采用四种颜色来说明单品咖啡和混合咖啡的种类。

MOK
Specialty Coffee
Roastery & Bar

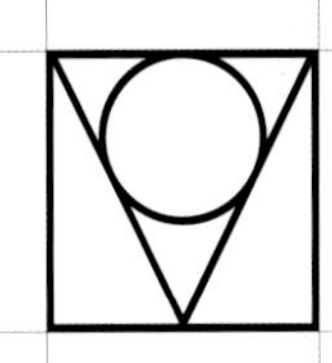

MOK
Specialty Coffee
Roastery & Bar

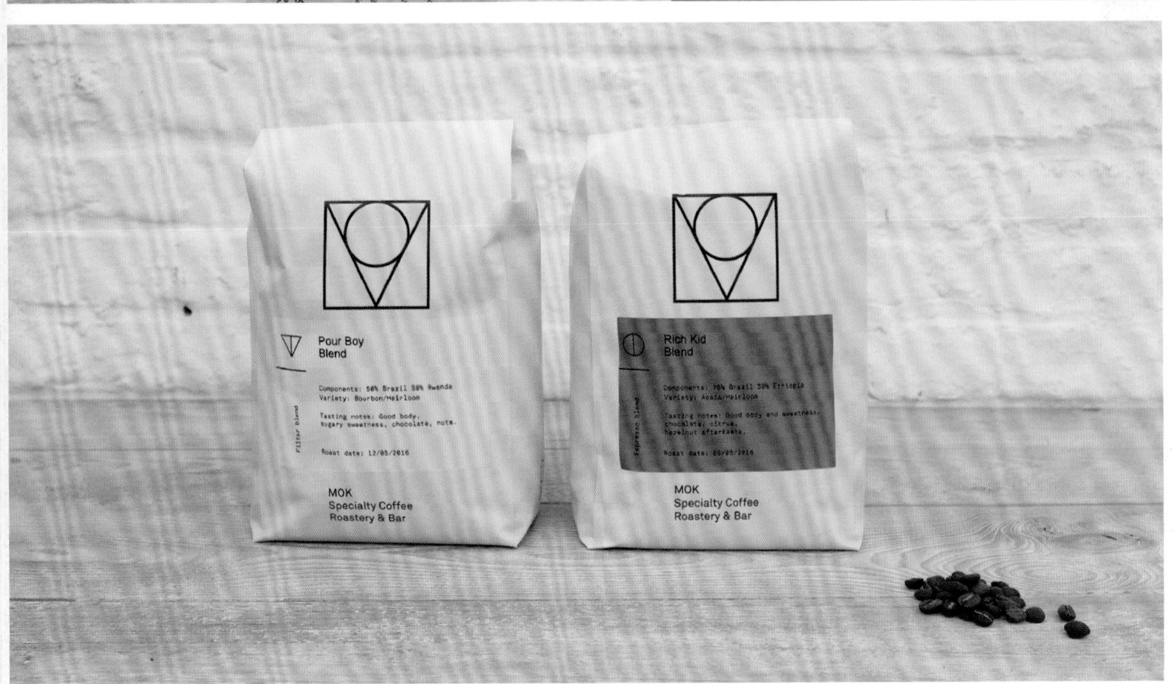

Café Frida

15 Rue des Forges, Trois-Rivières G9A 4X6, Canada

设计师：Marie-Michelle Dupuis, Pier-Luc Cossette

Frida Khalo是 20 世纪具有标志性的艺术家之一，她不仅是一位天赋异禀的画家，而且是墨西哥和全世界女权主义者的英雄。这个咖啡品牌的设计就是向她那些辨识度极高的充满花卉元素的画作和墨西哥传统致敬。设计师亲手绘制了这些花朵图案，希望赋予该品牌真实、自然的质感。

15, RUE DES FORGES,
Trois-Rivières
CAFEFRIDA.CA
g.cossette@cafefrida.ca
café
FRIDA

café
FRIDA

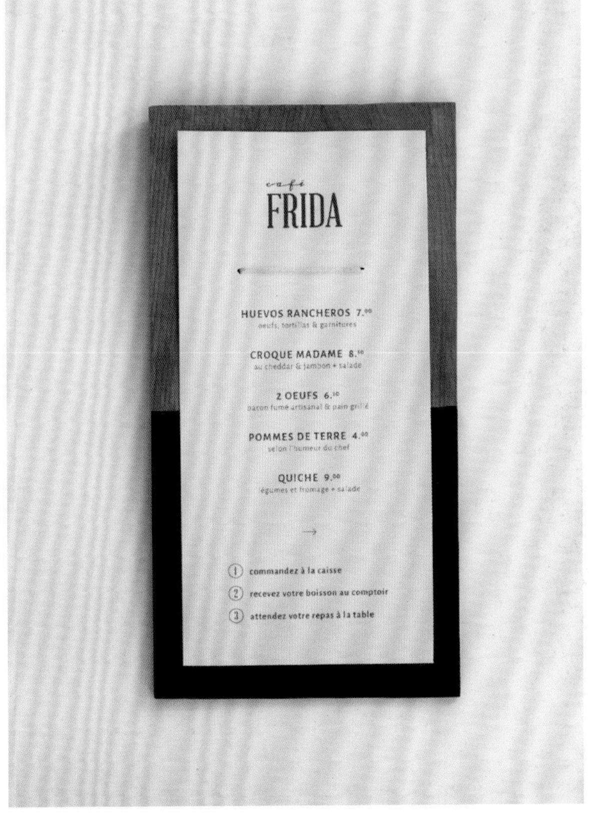
café
FRIDA
HUEVOS RANCHEROS 7.00
oeufs, tortillas & garnitures
CROQUE MADAME 8.50
au cheddar & jambon + salade
2 OEUFS 6.50
bacon fumé artisanal & pain grillé
POMMES DE TERRE 4.00
selon l'humeur du chef
QUICHE 9.00
légumes et fromage + salade
1 commandez à la caisse
2 recevez votre boisson au comptoir
3 attendez votre repas à la table

Coffee & Co.

Tallink Silja Line cruise ship

设计机构：Bond Creative Agency

设计师：Jesper Bange, James Zambra

Coffee & Co.是一家在游轮上开设的咖啡馆，除了咖啡之外还提供非常可口的小吃和零食。设计的目的是要创造一个平易近人、直率的形象，让船上的旅客感到舒适。标志的设计非常巧妙，任何人只要从一杯咖啡的正上方往下看就能看到标志的形状。

COFFEE & CO.
Powered by coffee.
COFFEE & CO.

COFFEE & CO.

COFFEE & CO.
COFFEE & CO.

The Niteowl Cafe

250 Chulia Street, Penang Island, Malaysia

设计师：ZiYu Ooi

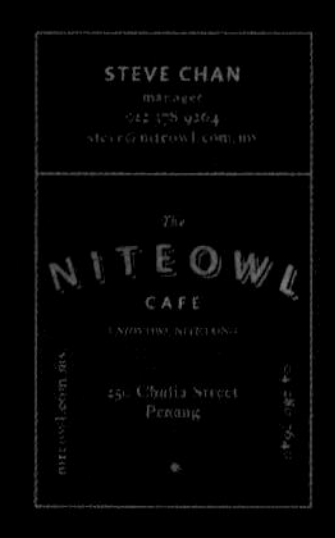

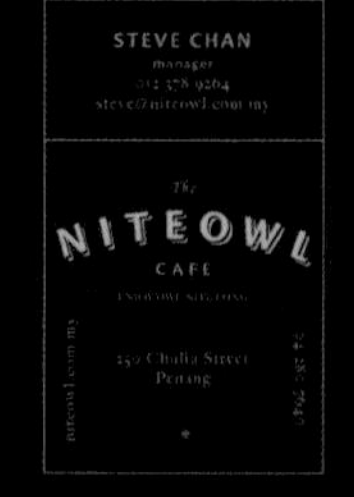

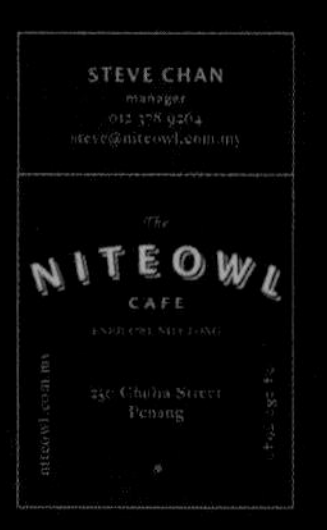

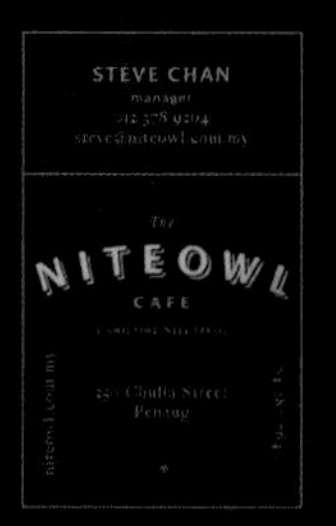

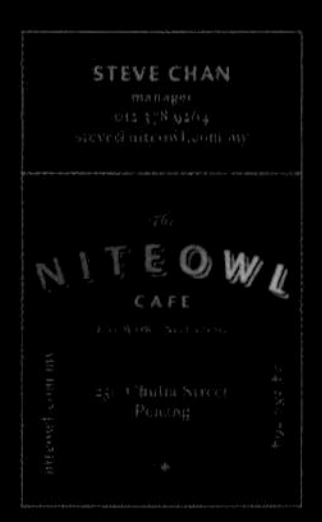

Niteowl是一间夜间营业的咖啡馆，坐落在槟城岛一条热闹的老街上，常常迎来那些馋嘴的夜猫子顾客。标志的设计是咖啡馆名字字母的艺术组合，贯穿整体的猫头鹰元素以及蓝绿色和黑色的主色调更强调了夜间营业这一特色。

THE NITEOWL CAFE
ENJOY OWL NITE LONG

The
NITEOWL
CAFE
ENJOY OWL NITE LONG

THE NITEOWL CAFE
ENJOY OWL NITE LONG

Enjoy
Owl Nite Long
The
NITEOWL
CAFE

Yeahnot

Nezalezhnosti embankment, 4-8, Uzhhorod, Ukraine

设计师：Marina Mescaline

摄影师：Mihail Melnichenko

Yeahnot是一家提供早餐、午餐的咖啡店，一到晚上，这里则成为了鸡尾酒酒吧。品牌名称来自英文单词yeah和not的组合，其发音很像乌克兰语的"浣熊"。Yeahnot咖啡店的平面设计和室内设计借鉴了奇特、明快的孟菲斯风格。在这里，早上可以安静地享用一顿早餐，晚上则可以在派对中尽情地享用鸡尾酒。

breakfast / brunch
main
snacks
salads
drinks
coffee
soup
pasta

yeah
not

Bronuts

3 - 100 King Street, Winnipeg MB Canada

设计机构：One Plus One Design

设计师：Tyler Thiessen, Jessie Thiessen

Bronuts是加拿大温尼伯Exchange District的一间咖啡馆，这一街区有着非常庞大的人流。店名暗示了"coffee"（咖啡）和"donuts"（甜甜圈）两个词，因此设计师将这两个元素融入到标志中，并将这一概念扩展至咖啡馆的方方面面，室内外装潢、标识系统、菜单全都围绕咖啡和甜甜圈两个元素来设计。

BRONUTS

BRONUTS

BRONUTS

KATY
Vanilla Dip
with Sprinkles
She'll make it like your birthday everyday.

BRONUTS

CLOSED

摄影：Andrey Bezuglov

咖啡店
室内设计

创造独特的咖啡品牌体验

John Barnett，Anna Burles（JB | AB Design）

JB | AB Design是一家位于伦敦的国际化设计工作室，设计师John Barnett和Anna Burles对英国、俄罗斯和中国咖啡馆的室内设计有着丰富的经验。工作室擅长于借鉴建筑设计、品牌设计、平面设计、展览设计的原则和理念，将其融会到室内设计之中。

一间好的咖啡馆不仅在于有好看的店面或好喝的咖啡，更在于营造一种独特的咖啡体验，这种体验能帮助品牌传递出其咖啡的独特魅力，人们能通过咖啡感受到积极的情绪，对品牌形象的树立起到事半功倍的效果。

我们曾为世界各地烘焙、研磨、冲泡高品质咖啡的品牌进行咖啡馆设计，同时我们本身也是非常认真的咖啡爱好者，因此我们自己就是自己所设计的咖啡馆的目标客户。设计中最大的挑战就是，我们和世界各地的咖啡爱好者一样，在面对着市面上众多的咖啡品牌时，因选择过多而无从下手。

近年来，随着手工咖啡品牌在各地城镇开起了诸多的咖啡馆，咖啡馆确确实实地变成了一个竞争非常激烈的市场。那么究竟什么因素促使我们去选择某一个品牌，而不选另一个品牌呢？我们作为设计师，要如何运用我们的专业知识和个人见解，来帮助客户建立一个有用户忠诚度的品牌呢？

从我们的经验来看，有时候客户对如何通过咖啡馆的室内设计来传递品牌的核心特质感到非常迷茫。我们一般会建议客户退一步思考，将他们的品牌作为一个整体来考虑，再结合实际的场地来做设计。

一间成功的咖啡馆能将一个品牌所代表的一切特质都融入到一个三维空间里，其中的影响因素不仅包括一个好的室内设计，更包括了客户服务、产品控制、灵活而高效的人员运作，以及通过品牌形象和平面设计建立起来的品牌标识。所有这一切有机地结合起来，让整体大于部分的总和。这些因素要统一地为品牌形象服务，如果有不协调的部分，品牌形象就会出现偏差，最后对品牌的营销造成重大影响。

作品：222 Triple Two Coffee

在进行咖啡馆的室内设计时，以下的这些原则是必须要考虑的。

1. 设计的目标和品牌营销的目标要协调统一

设计师和客户的目标必须从一开始就保持一致。为了在激烈的竞争中脱颖而出，设计师要做的不是设计出让人眼前一亮的视觉图像，而是一种能引导客流，让咖啡馆赢利的视觉体验。如果设计师只专注于创作当下最新、最时髦的设计，那赶紧终止合作吧。

2. 把顾客放在第一位

咖啡馆设计要围绕顾客体验来做，从文化、社交、地理等角度来配合顾客的需求。如今的消费者能敏锐地辨识出那些能反映出他们的身份标识的品牌，越来越少地回应那些陈词滥调的设计。所以哪怕是连锁品牌旗下的咖啡馆也不应该是简单的互相复制，而应该因地制宜，根据所选的空间进行个性化的设计。加入一两处本地化的设计能让整体有极大的区别，让顾客感到这一处独特的空间是完全为他特别设计的。

3. 规划好流动路线，其他部分就会水到渠成

充分地理解顾客是如何与空间互动是室内设计的关键。从他们穿过对面的马路，向咖啡馆走来，到进入咖啡馆后行走的路径，顾客的眼光所及会影响他们的购买决策。设计师在做设计的时候要把自己放在顾客的位置上，分析不同类型的消费者在店内或店外做出决策的方式。这些不同的决策方式会影响设计师对室内设计、空间布局、吧台设置、平面传达和客户服务等方面的考虑，让设计师更好地帮助品牌与顾客对话。

4. 确保设计和实际操作是协调一致的

如果你想要设计一个陈列咖啡豆或咖啡袋的空间，就要同时设计出引导顾客购买商品的视觉规则，免得陈列空间被弄得一团糟。

一间咖啡馆是一个咖啡品牌所拥有的最大，同时也是最贵的营销工具，因此必须最大限度地发挥其作用。店铺设计有时就像一个无声的咖啡师在用心和顾客聊天，让顾客充分地感受品牌的温暖，并认可这个品牌。

以下是6个营造良好顾客体验的小提示。

1. 店铺本身就是一个舞台

尽量地提供空间来展示咖啡师的技巧。顾客的注意力很容易被吸引到咖啡师调配咖啡的过程中，另外这个展示过程也是教导顾客精品咖啡知识的关键时刻。进入店铺之后，顾客行走路线上的每一个位置都要能让顾客关注到咖啡师，这样能促使顾客了解高品质咖啡的优点，从而趋向于尝试新的咖啡品种。

2. 顾客是视觉动物

想要把握住顾客的胃，就要把握住顾客的目光。这就是那些让人“食指大动”的食品和饮品展示以及宣传照片常常起到最大的商业推广作用的原因。内容丰富的图像设计能挑起人们的味觉、嗅觉，从而产生尝试的欲望。

3. 展示你想表达的信息

平面视觉传达不应只局限于菜单的设计，整个店铺都是一幅充满图像和信息的画卷。平面图像不需花大价钱就能更新，能保持消费者对品牌的新鲜感。平面设计需要传递一些有启发性的信息，而不能只是好看而已，例如展示咖啡师的调制技巧，自家咖啡和食物的特色等。有时候消费者面对过多的选择会无法做出消费选择，平面传达能帮助品牌讲好自己的故事，让消费者更好地做出选择。

作品:Travelers Coffee

4. 目之所及，心之所向，果断消费

这是我们在做设计时遵循的最重要的一条规则。厉害的视觉设计能直接导向购买行为，因此意图明显、可接触的陈列架，引人注意的、促使人消费的销售点，清晰不含糊的定价等因素在每个可能的决策地点（不仅仅是吧台）都应该被考虑到。

5. 营造氛围

永远不要低估灯光的力量，它能改变整体环境，营造某种气氛，甚至强调你希望消费者注意的区域。然而，其重要性常常被忽略，预算也很少。

6. 一张桌子就是一个世界

消费者很明确地知道他们想要什么样的个人咖啡体验，而咖啡馆需要提供这种独特的体验，让消费者无论是想要庆祝某个事件，还是只想沉浸在自己的情绪里都可以来咖啡馆。灵活的座椅排布既能让消费者享受一个人安静独处的时光，又能感受一群挚友热烈交谈的欢乐。

商业设计有两个功能：提供娱乐和促进消费。在设计过程中注重这两个功能才能真正创造出有益于消费者和品牌所有者的价值。作为设计师的我们也常倾向于专注咖啡店的每个细节。除了明确空间布局的概念之外，更在于强化品牌体验的每个方面，从选址、外部装修到室内设计，包括品牌形象设计，墙上和菜单的平面设计，甚至是服务员的制服都是室内设计要考虑的因素。这种站在宏观角度考虑的设计思路才能真正将好设计转化为成功的经营。

The Budapest Café

Dongcheng International No.7- 8, Chenghua District, Chengdu, Sichuan Province, China

设计机构：Biasol

© James Morgan

设计团队从电影制作人韦斯·安德森的风格和墨尔本的咖啡店文化汲取灵感，通过设计、材料和品牌三个关键点打造了一个清新、现代的咖啡店。正如安德森的电影《布达佩斯大饭店》一样，这家名为“布达佩斯”的咖啡店同样是顾客逃离生活喧嚣的地方。咖啡店的定位是国际化，吸引热衷社交媒体又享受咖啡文化的女士。设计同时要有趣味性，楼层、阶梯和其他充满惊喜的设计细节都旨在引导顾客去探索这个空间并融入其中。

THE
budapest
CAFÉ

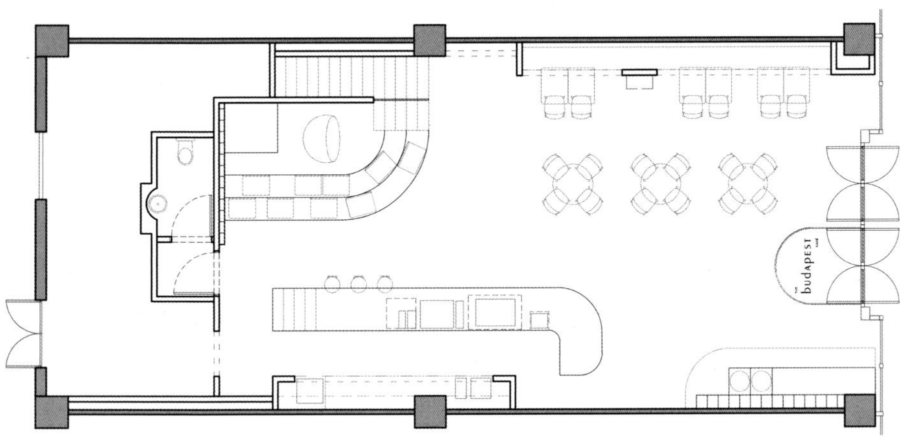

夹层能提供俯瞰的角度，这正是安德森电影中常见的视角。

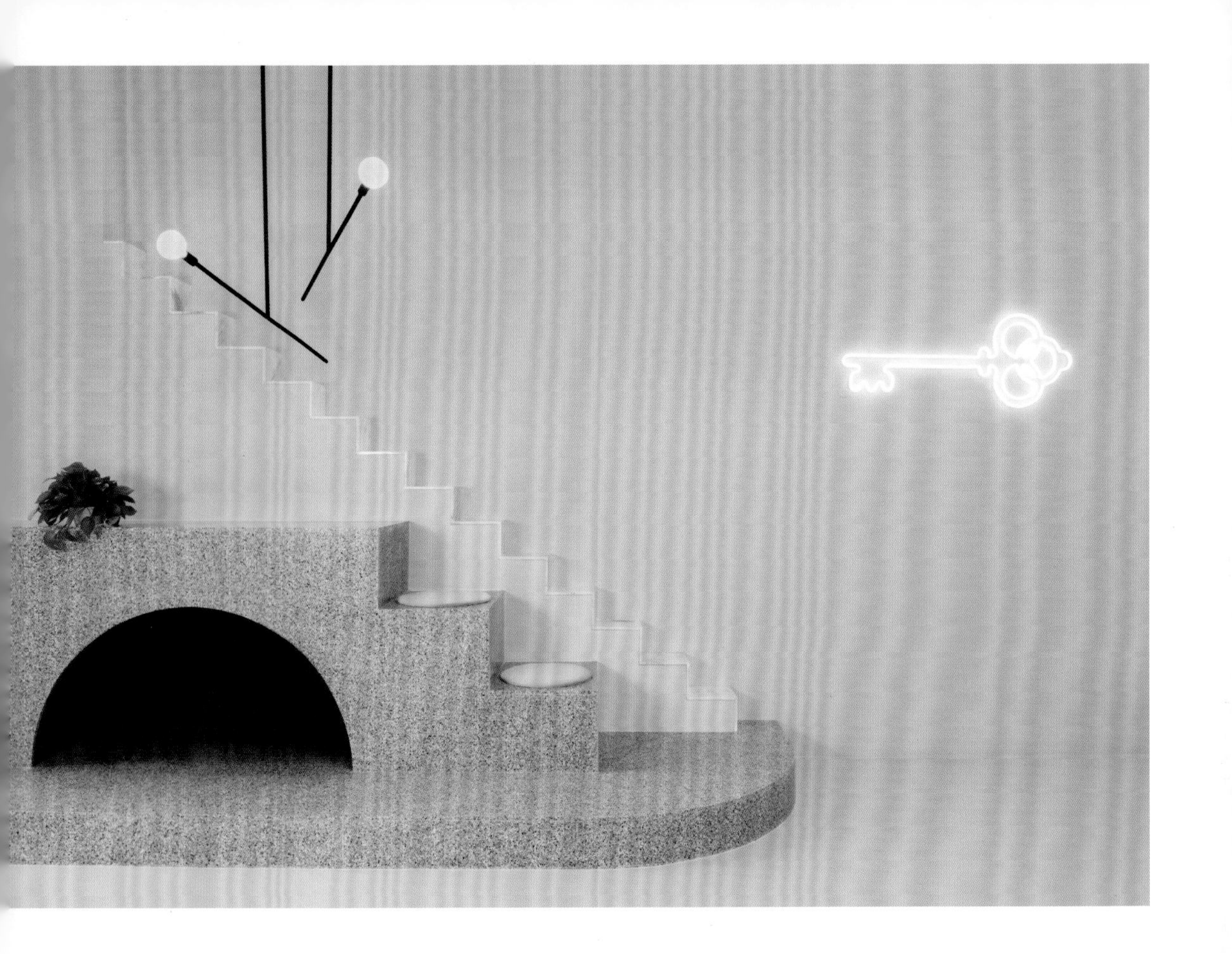

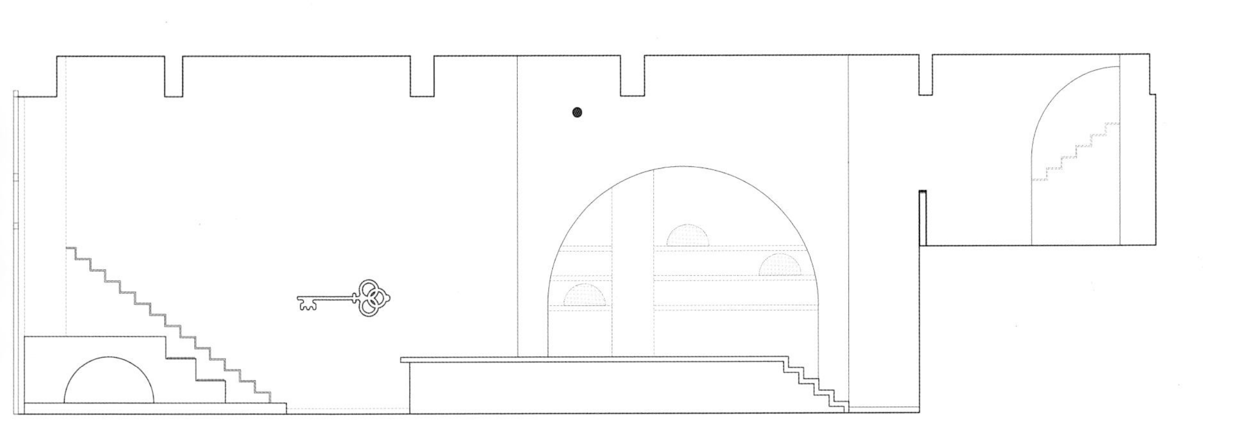

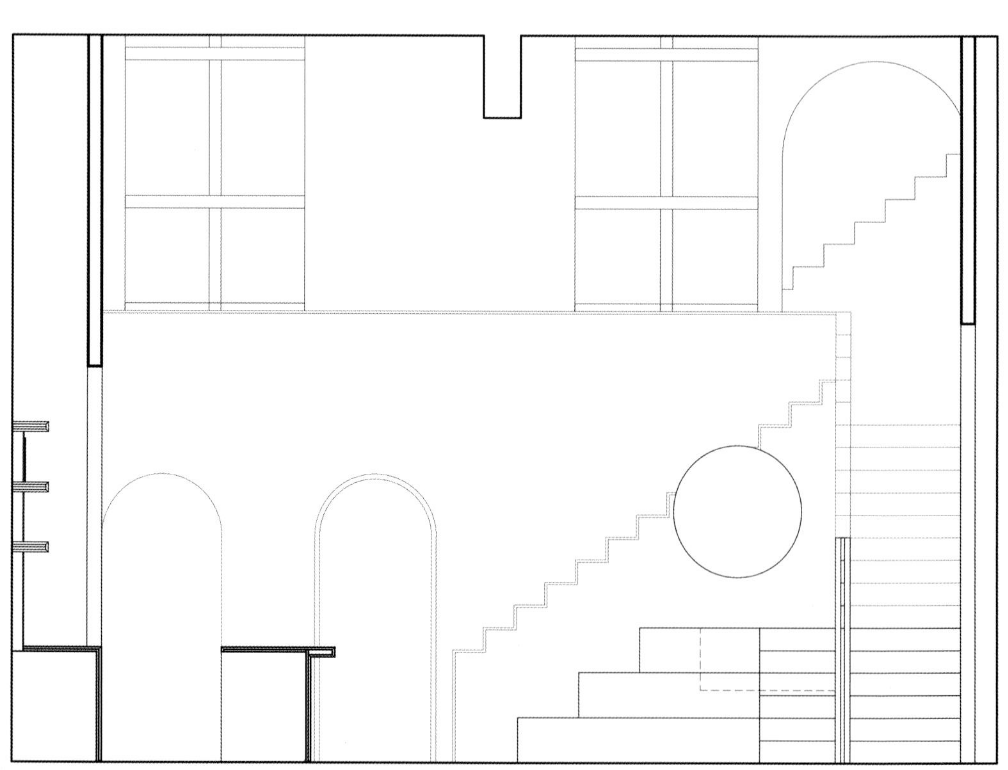

粉红色球池、霓虹灯和经典泡泡椅的设置，营造了活泼好玩的氛围。

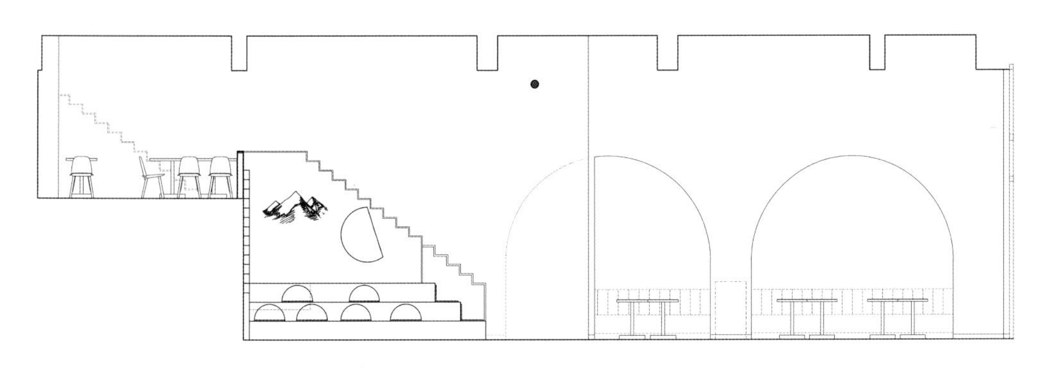

洗手间特别采用粉红色斑点水磨石，与咖啡店的怀旧绿色调既互补又形成有趣的对比。

33 Rishelievska str.Odessa, Ukraine

设计机构:Sivak+Partners

设计师:Maksym Luriichuk, Dmitriy Sivak, Cyrill Verbych

正如这家咖啡店名字所传达的意思,Daily是一个可以每天都去坐一坐的地方。这不仅仅是一间咖啡店,也是举办演讲之类活动的都市空间。咖啡店有两个间隔开的区域:比较宽敞的一个区域放置了柜台和一些座椅,可调节亮度的壁灯即使在白天也能营造温暖的氛围,柜台上的吊灯和主要家具均为定制;另一个区域则是具有私密感的空间,顾客可以在里面安静地阅读和品尝咖啡。

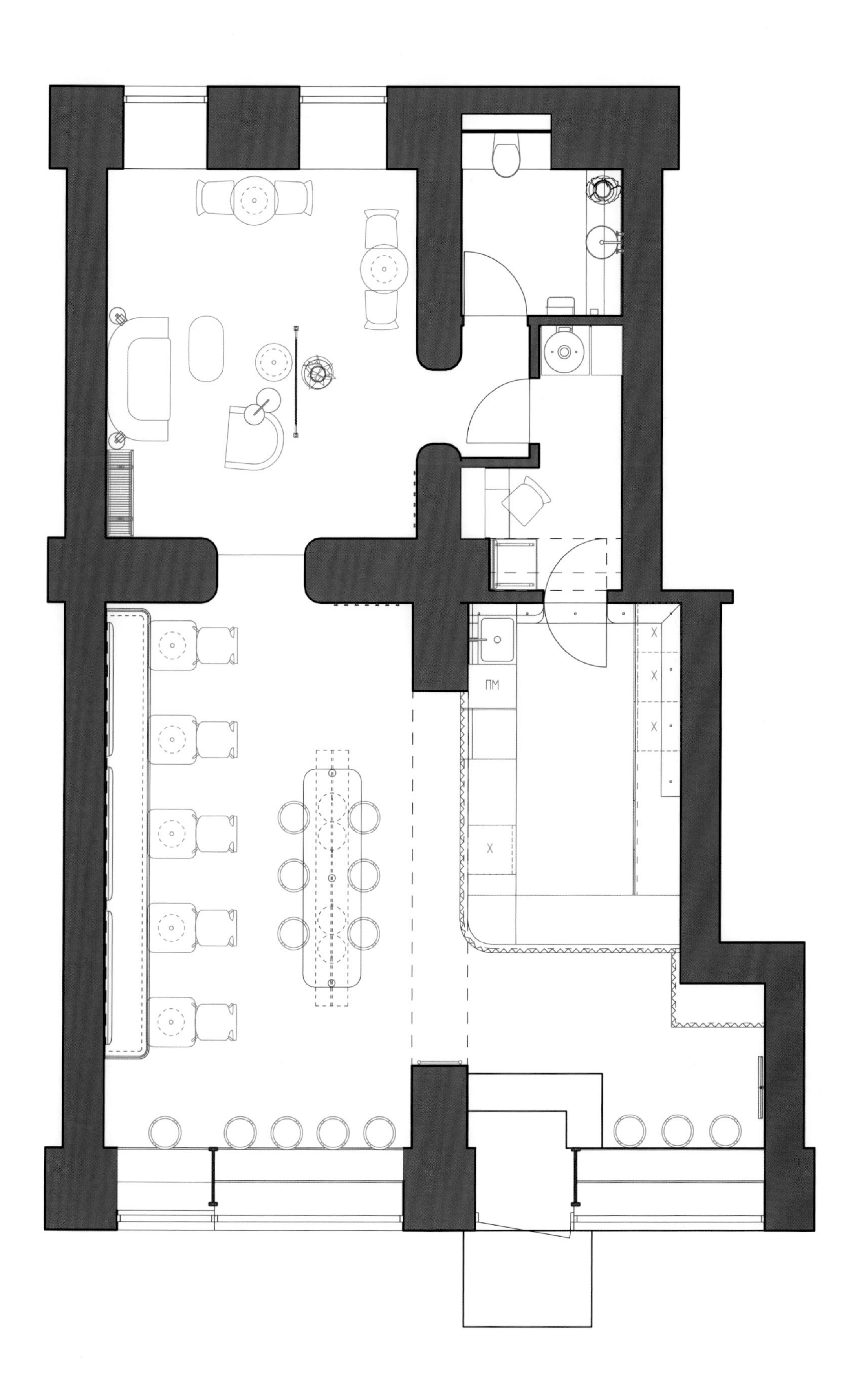
ПМ
X
X
X
X

ХОЛОДНЫЕ НАПИТКИ
АЙС МАТЧА ЛАТТЕ
КАСКАРА ФИЗ
ЛИМОНАД
80
60
65
КОЛД БРЮ
ЧЕРНЫЙ
МОЛОКО
ТОНИК
ФРЕШ
АВТОРСКИЙ
55
65
65
80
65
ГОРЯЧИЕ НАПИТКИ
КАКАО
МАТЧА
МАТЧА ЛАТТЕ
ЧАЙ
КАСКАРА
40
75
80
45
50
АЛЬТЕРНАТИВА
V60
АЭРОПРЕСС
55
55

КОФЕ
ЭСПРЕССО 40
ФИЛЬТР КОФЕ 40
КАПУЧИНО 45
ЛАТТЕ 45
ФЛЕТ УАЙТ 50
РАФ 60
ХОЛОДНЫЕ НАПИТКИ
АЙС МАТЧА ЛАТТЕ 80
КАСКАРА ФИЗ 60
ЛИМОНАД 65
КОЛД БРЮ
ЧЕРНЫЙ 55
МОЛОКО 65
ТОНИК
ФРЕШ
АВТОРСКИЙ
КАКАО
МАТЧА 75
МАТЧА ЛАТТЕ 80
ЧАЙ 45
КАСКАРА 50
АЛЬТЕРНАТИВА
V60 55
55

Pies and Friends, 20A Pushkinska St, Kyiv, Ukraine

设计机构：Balbek Bureau

设计师：Slava Balbek, Yevheniia Dubrovskaya

© Yevhenii Avramenko

这家糕点咖啡店位于基辅市中心，其室内设计的目标是为客人打造一个如家一般的舒适空间。咖啡店会在客人面前烘焙新鲜的甜馅饼，于是为了将客人的注意力吸引到他们家的招牌糕点上，设计团队在大厅中央特别放置了三张巨大的长木桌，上面展示刚出炉的糕点。店内另外还有一个大厅，提供更宽敞的座位空间，并以些许鲜亮的色彩点缀，如窗口下沙发的蓝色、墙壁装饰板的彩色和洗手间的酒红色。

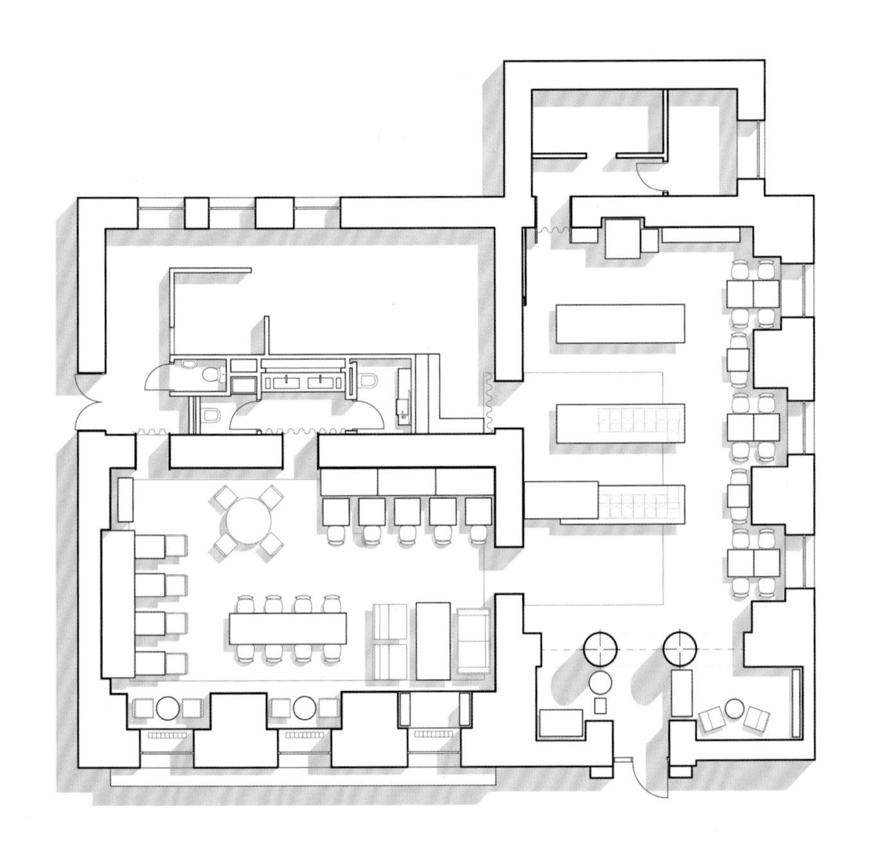

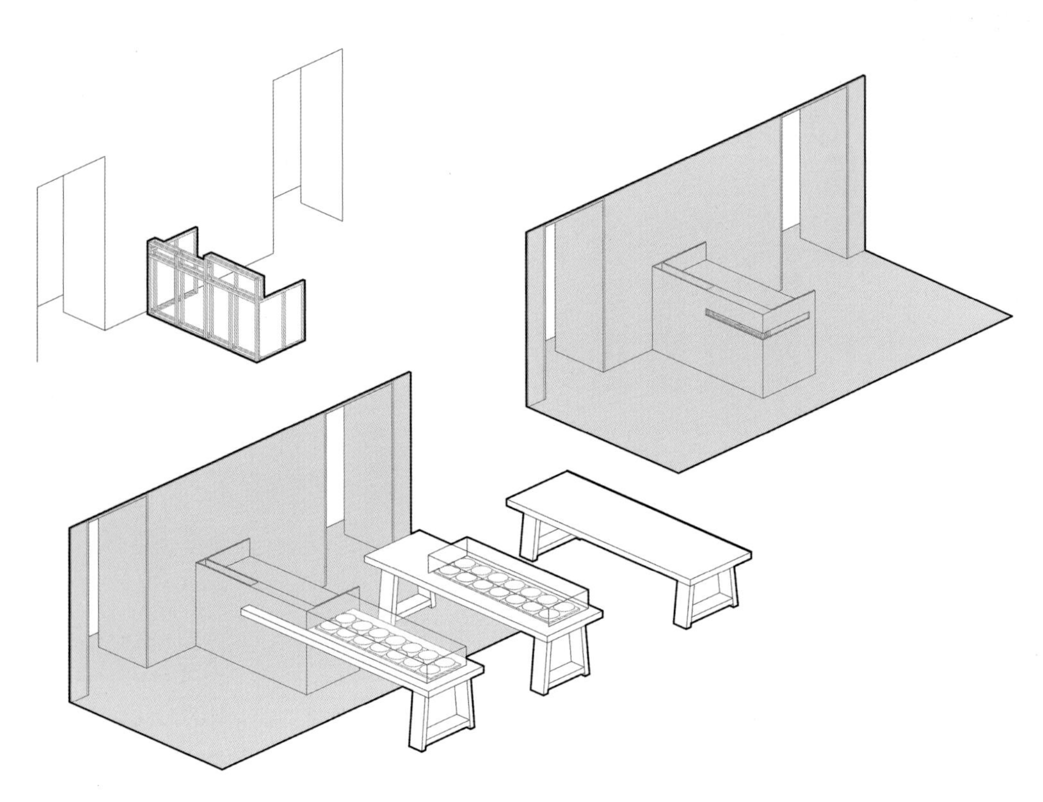

БАР
ЧАЙ ТА КАВА
ДОМАШНІ НАПОЇ
ФРЕШ ТА СМУЗІ
КОЛА СПРАЙТ ВОДА
МОЛОЧНІ КОКТЕЙЛІ
АЛКОГОЛЬНІ НАПОЇ

СНІДАН
САЛА
ПЕРШІ С
ДРУГІ С
ХОЛОДНІ
ГАРЯЧІ ЗАКУС
ВАРЕНИКИ ТА

Skuratov Coffee Kazan

Baumana 9, Kazan, Russia

设计机构：Maket Interior

设计师：Ostroukhov Konstantin

© Georgy Trushkin

这家咖啡店位于市中心的步行街区，室内为“阁楼设计”风格，吊灯、垂挂的植物和霓虹灯牌都是风格体现的关键元素，并运用最基础的装修材料——金属、水泥和木材。225 m^2 的空间划分为三个区域：吧台、座椅区和工作坊。吧台区域以一张打了背光的蓝色玻璃吧台为标志，座椅区则配置了小圆桌、原木长桌和复古皮沙发，而工作坊放在了整个咖啡店的中央，“隐匿” 在柜台和吧台背后，以金属框架和玻璃作为间隔，咖啡师就在里面研发产品。

CUPPI
PURE COFFEE

АЛЬТЕРНАТИВНОЕ МЕНЮ:
- V 60 170
- АЭРОПРЕСС 170
- СИФОН 170
- КОЛД БРЮ 170
- КИОТО 100/120
- НИТРО 150

ОТКРЫТЫЕ МЕРОПРИЯТИЯ В АВГУСТЕ:
• ДЕГУСТАЦИЯ ЯГОД 11.08. 17:00
• ПРАВИЛА КАППИНГА 18.08. 17:00
• ЧЕМПИОНАТ ПО КАПТЕСТИНГУ 25.08. 17:00
УГОЛОК ПОТРЕБИТЕЛЯ
Skuratov coffee
1 место

WC

Skuratov Coffee Moscow

Mira 26/1, Moscow, Russia

设计机构：Maket Interior

设计师：Ostroukhov Konstantin

© Leonid Syomov

咖啡店坐落于古老的历史街区，紧挨着莫斯科大学的植物园，这样的环境影响了室内设计的风格。不过设计师并没有采用传统经典风格，而是选用了 20 世纪三四十年代酒店和汽车旅馆的设计元素，例如铜、大理石和木材。室内所用的球形灯和蓝色墙面则分别参考了店外街区的圆形照明灯和所在大楼的蓝绿色百叶窗。在只有 28 m^2 的小空间，设计师利用一张延伸至窗口的长桌来实现空间体验的最优化，无论是在这里处理工作还是看书都十分方便。空间中最抢眼的莫过于挂在墙上的霓虹灯牌，它的外形是品牌的诞生地鄂木斯克地区的轮廓。

locally
ROASTED
EST.
20
13
ROASTED
IN OMSK
50%

ROASTED
IN OMSK

PORTLAND
NEW YORK
MOSCOW
KAZAN
OMSK CITY
MENU
КЛАССИКА
ЧЕРНЫЙ КОФЕ
SKURATOV TECHNOLOGY
КОЛД БРЮ МЕНЮ
SWEET & SEASON
КОФЕ
НЕ КОФЕ
SKURATOV
50% СКИДКА
НА ВСЮ ЕДУ
В ХОЛОДИЛЬНИКЕ
ВО ВСЕХ КОФЕЙНЯХ
Три новых микролота

SKURATOV
Omsk
Moscow
COFFEE ROASTERS

Shan Café

Jing Yuan Arts Center, 3 Guangqu Rd., Chaoyang District, Beijing, China

设计机构：Robot3 Design

设计师：Fei Pan, Zhibang Shao, Xiaohan Li

© Xixun Deng

这家两层楼的咖啡馆是由原来的办公室改造而成的，重新装修为适合客人休息、放松、聊天的地方。由于山咖啡（Shan Café）的第一家店开在北京的香山，因此设计风格以“山”为概念。为了延续这一主题，这家分店也以“山”为主要设计元素。

1F

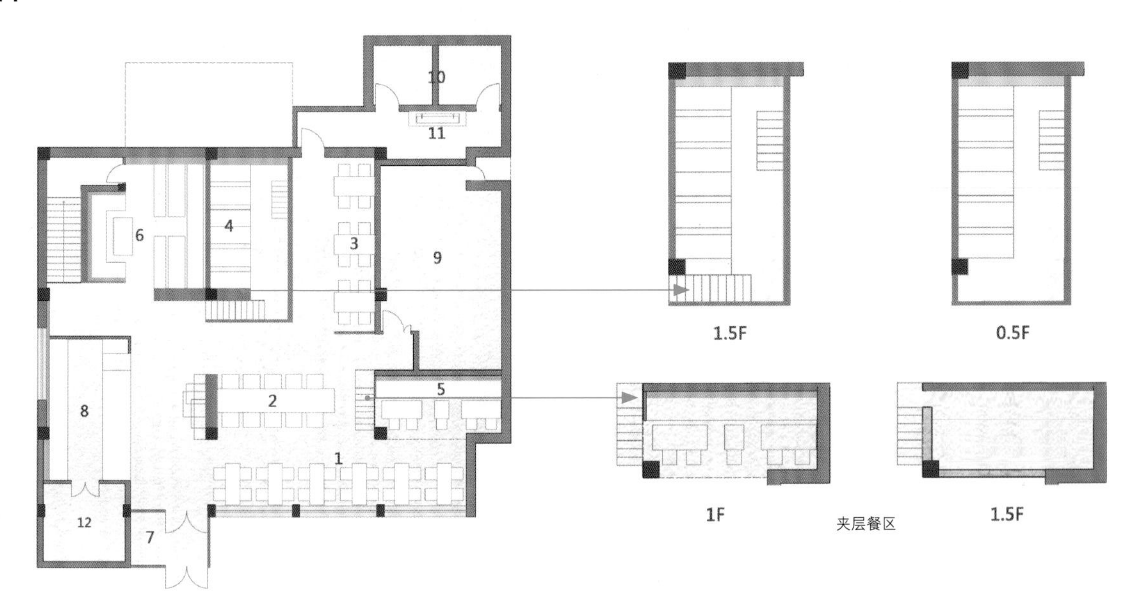

1~6.用餐区，7.玄关，8.收银台，9.厨房，10.卫生间，11.洗手台，12.储藏室

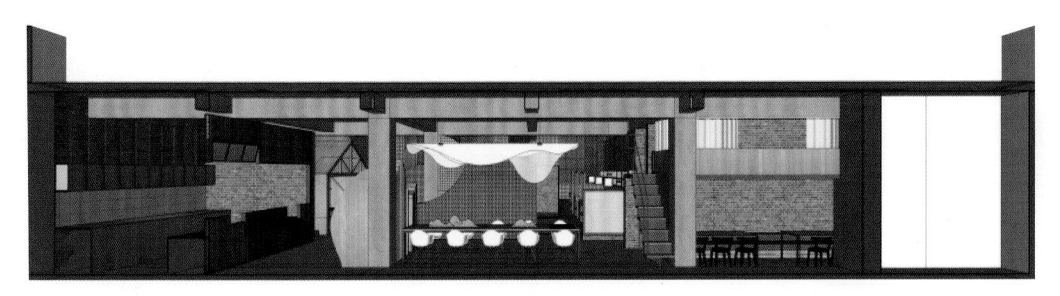

剖面图－A

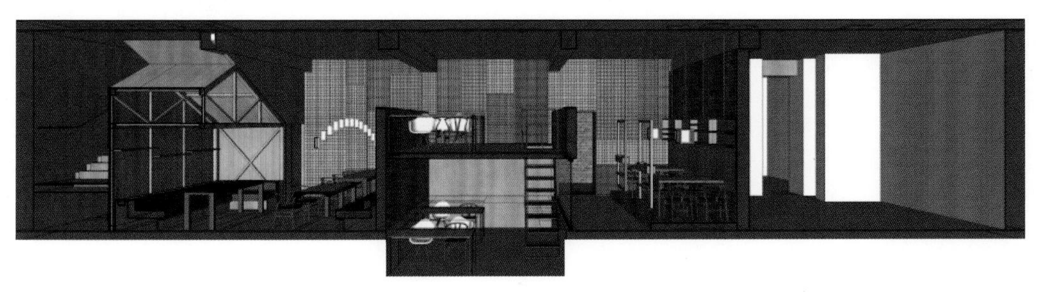

剖面图－B

设计师在室内空间的中央部位向下挖了一米，然后在上边建起一个夹层。如此一来，当顾客通过夹层进入下挖的负一层时，就能产生一个犹如“进山”的空间体验。

在通往二层的楼梯附近，设计师做了一个小木屋，很适合团队聚会。

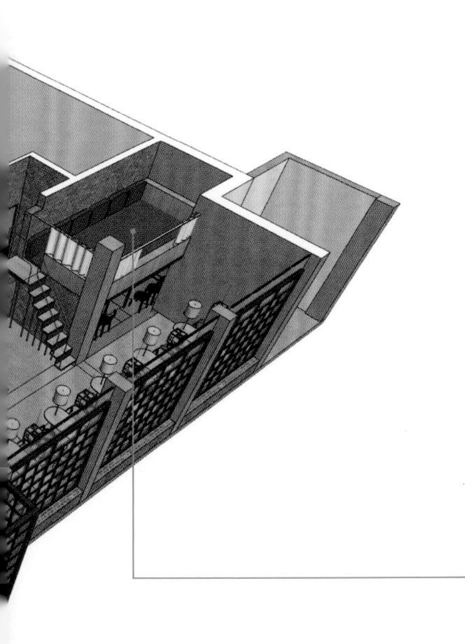

这一夹层的高度只够客人坐着或躺下，但是却非常适合进行私密的对话。

2F

13~17. 包间，18. 办公室，19. VIP 包间，20. 散座，21. 卫生间，22. 洗手台，23. 露台

Dogs & Tails

19 Shota Rustaveli St, Kyiv, Ukraine

设计机构：Makhno Studio

设计师：Sergey Makhno

© Andrey Bezuglov

Dogs&Tails的室内设计主要采用质感厚重的铁和木头，墙面故意做成裸露粗糙的样子，室内的梁柱和装饰有着几何结构的纯粹和严谨，管状的霓虹灯发出耀眼的光，从细节到整体处处透出一股浓浓的工业风。主区域的蓝绿色天花板则中和了厚重的工业氛围，同时提亮了室内环境。

If
these walls
could talk

SHOW BOAT

Truth Coffee

36 Buitenkant St, Cape Town City Centre, Cape Town, 8000 South Africa

设计师：Haldane Martin

设计师看到店内放置的大型咖啡烘焙机和浓缩咖啡机后，想到要塑造一个蒸汽朋克式浪漫主义的咖啡馆。历史上的蒸汽朋克非常执着于细节和感官美学，这也正是Truth Coffee的哲学精髓——恰到好处地烘焙咖啡。

放置在咖啡馆中心的一台复古烘焙机是整个空间最瞩目的存在，有着庞大的体型，如今还能正常运转。周围围了一圈钢铁架子，就像维多利亚时期的煤气厂一样。

设计师抬高了吧台前的区域，做成一个相对正式的用餐区，配上定制的皮质铁椅、吧台高凳、包铜的餐桌，使区域的划分更明显。

进门右手边设置了五张马蹄形的高背长椅，长椅中心放置一张铁质餐桌，每一张长椅都自成一个相对独立的空间。

进门处的用餐区更加自由开放，散放着的齿轮形咖啡桌可以拼在一起，促使陌生的客人互相认识和交流。

Aschan Café Jugend

Pohjoisesplanadi 19, Helsinki 00100, Finland

设计机构：Bond Creative Agency

设计师：Aleksi Hautamaki, Tuomas Hautamaki

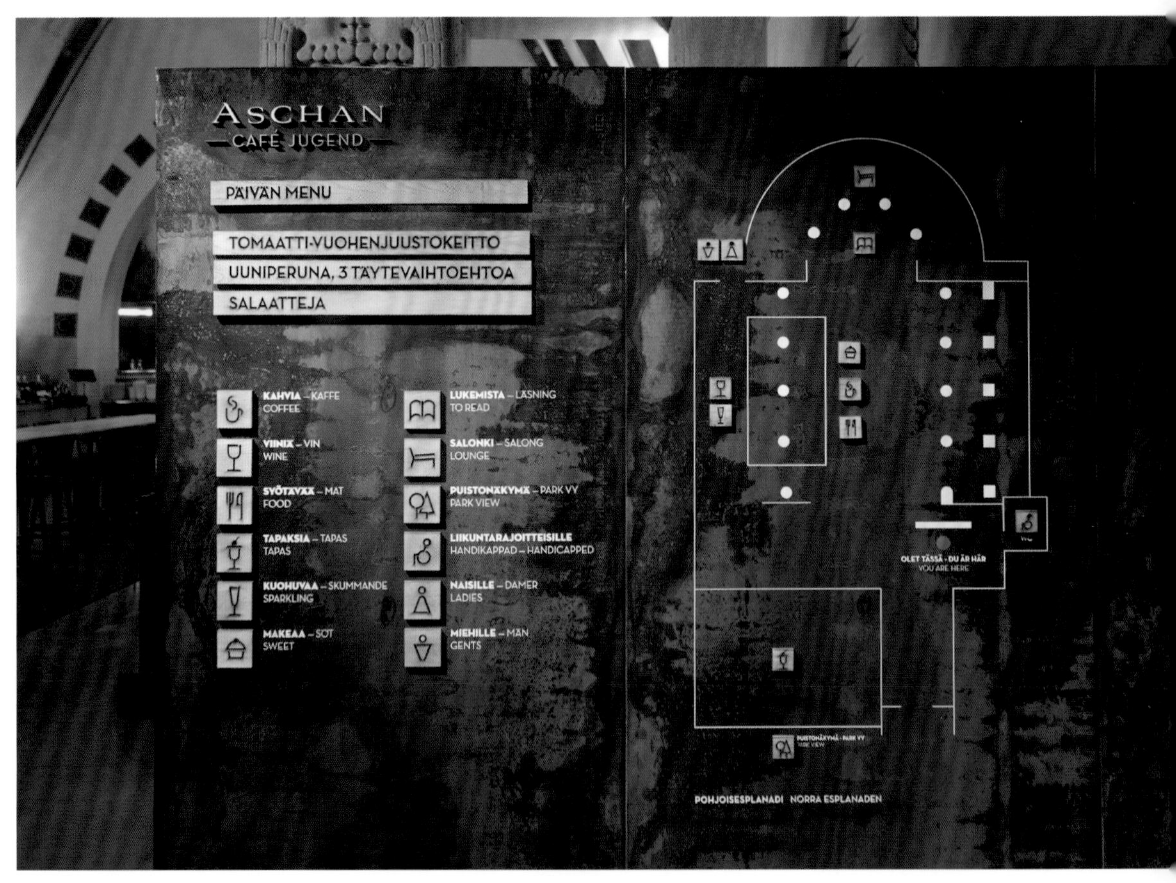

© Paavo Lehtonen

Aschan Cafe Jugend是一家在芬兰赫尔辛基的餐厅，所在的Jugend Hall大厅原是一家开业于 1904 年的银行。作为芬兰的建筑遗产，室内装潢不能改变原有的墙面。整个空间包括原来的银行大厅和大厅延伸出去的圆顶区域。

一张五米长的餐桌放在大厅中央，适合更自由和开放的社交和用餐体验。抬高了的右侧坐席及咖啡厅后部的圆顶区域则提供相对私密的空间。抬高坐席有助于形成层次以及更好地划分偌大的空间，明确功能。室内的地毯能吸收穹顶内的回声，减少局促感。橡木家具与黑色的金属座椅和栅栏相配合，独具现代气息。

圆顶区域的中心是一个小型的杂志图书馆，提供最新的文化、设计、艺术类期刊。承重圆柱前面是向上照射的射灯架。

边上用餐区的墙壁灯光特意安装成间接照明，桌上的灯光也同样是为了让室内的空间收窄。圆柱之间的空间被充分地运用起来，形成一个个有着天然隔声效果的小包间。

Dishoom

12 Upper St. Martin's Lane, London WC2H 9FB, UK

设计机构：Afroditi Krassa

设计师：Afroditi Krassa

© Sim Canetty-Clarke

20 世纪由伊朗的琐罗亚斯德教教徒在南亚所开的伊朗咖啡曾经在 20 世纪 60 年代流行一时，但现在已经难觅踪影。设计师结合孟买丰富的流行文化和伦敦的现代设计，在有着约 1,500 m^2 的 Dishoom 分店重现了这种伊朗式咖啡馆。

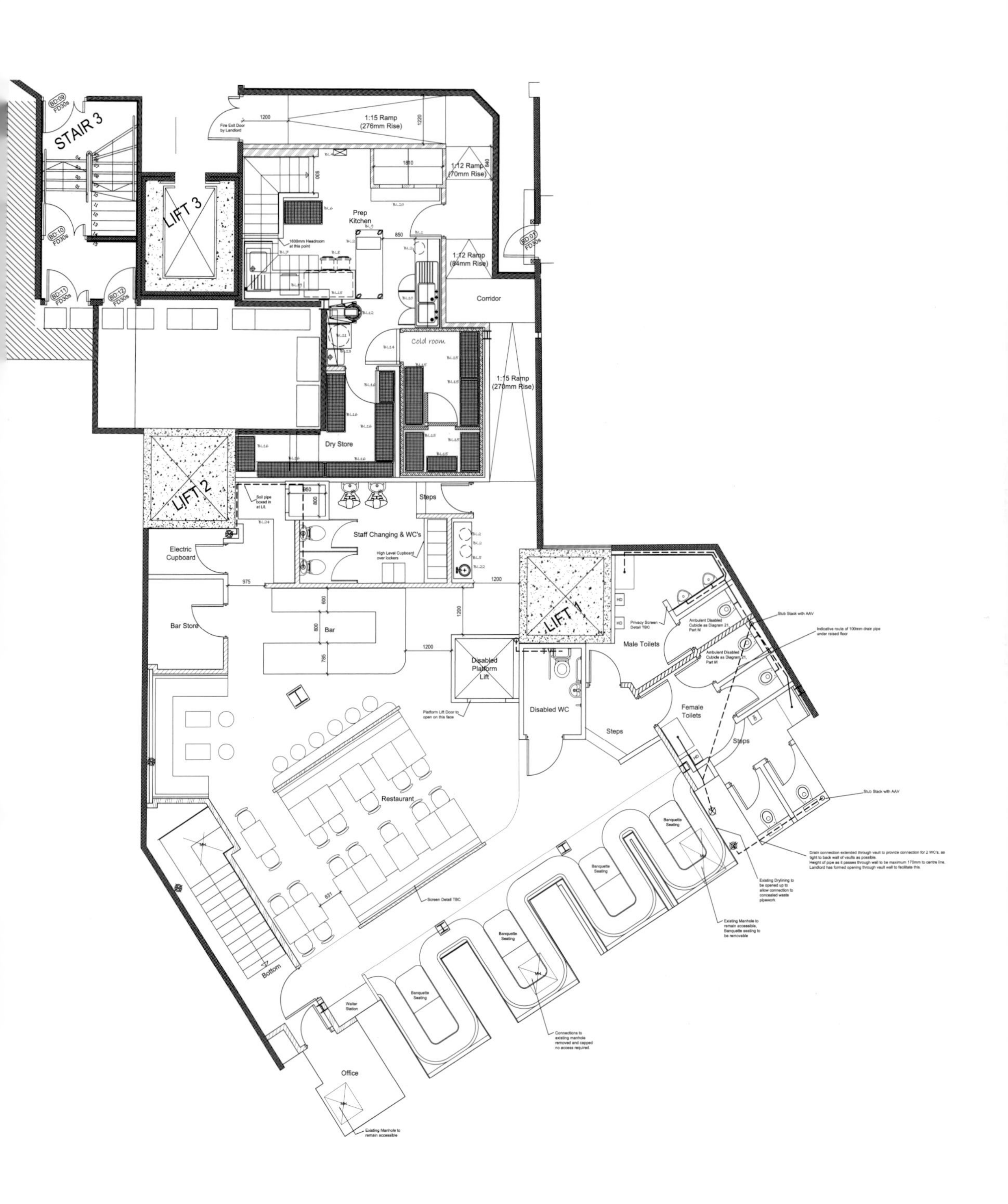

STAIR 3
LIFT 3
LIFT 2
LIFT 1
1:15 Ramp
(276mm Rise)
1:12 Ramp
(70mm Rise)
Prep
Kitchen
1:12 Ramp
(84mm Rise)
Corridor
Cold room
1:15 Ramp
(270mm Rise)
Dry Store
Steps
Staff Changing & WC's
Electric
Cupboard
Bar Store
Bar
Disabled
Platform
Lift
Disabled WC
Male Toilets
Female
Toilets
Steps
Restaurant
Banquette
Seating
Bottom
Waiter
Station
Office

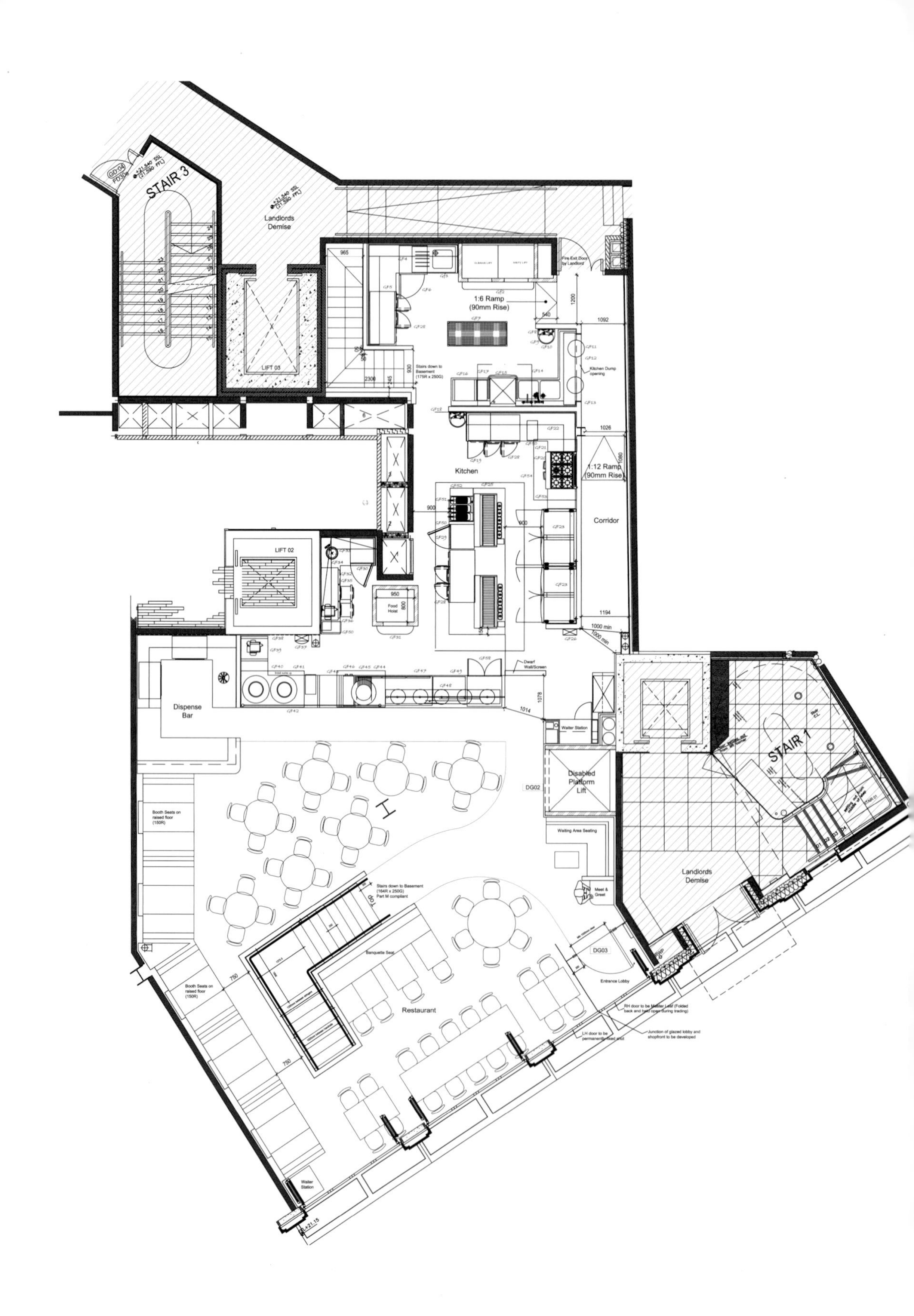
STAIR 3
Landlords Demise
LIFT 03
1:6 Ramp (90mm Rise)
Fire Exit Door by Landlord
Stairs down to Basement (175R x 250G)
Kitchen Dump opening
Kitchen
1:12 Ramp (90mm Rise)
Corridor
LIFT 02
Food Hoist
Dispense Bar
Dwarf Wall/Screen
Waiter Station
Disabled Platform Lift
DG02
Waiting Area Seating
Meet & Greet
STAIR 1
Landlords Demise
Booth Seats on raised floor (150R)
Stairs down to Basement (164R x 250G) Part M compliant
Banquette Seat
DG03
Entrance Lobby
Restaurant
RH door to be Master Leaf (Folded back and held open during trading)
Junction of glazed lobby and shopfront to be developed
LH door to be permanently fixed shut
Booth Seats on raised floor (150R)
Waiter Station

定制的棋盘图案地砖，橡木地板，细花白的大理石餐桌，多种样式的椅子混搭其中，让室内空间变得轻松、随意。

古式镜子，转动的吊扇，透过彩色玻璃球发出柔光的吊灯，记录孟买流行文化的照片墙，所有的设计细节让店内充满现代的空灵感。

RULES OF THE CAFÉ
NO SMOKING
NO FIGHTING
NO CREDIT
NO FOOD FROM OUTSIDE
NO TALKING LOUD
NO SPITTING
NO BARGAINING
NO CHEATING
NO WATER TO OUTSIDERS
NO MATCHES
NO GAMBLING
NO COMBING HAIR
ALL CASTES WELCOME
Eternal Music
SAGAR
Dr. MADHURIKA
OR MODERN WIFE
MOTILAL
डॉ. मधुरिका
SARVOTTAM BADAMI
K. M. MUNSHI
"What does he do at go sit and dream?"

Building 2, 6 Fangyuan Xilu, Chaoyang District, Beijing, China

设计机构：Four O Nine

设计师：Andrei Zerebecky, Lukasz Kos

© Hu Yihuai

Cafe 27 原来是一间玻璃温室，设计师充分地利用了玻璃的透光性和保温性，将咖啡馆设计成与外部相连的开放空间，同时善用温室的特点，营造出清新自然的就餐环境。

大片的绿植作为天然墙面可以过滤空气，水磨石地板结合绿植能有效地提高冬日的室内温度。夏日艳阳照射下，外墙的木架能在室内形成阴影，降低室内温度。

长条形陶瓷吧台的摆放决定了室内的座位排布。

绕轴旋转的透明玻璃门让室内外的界限更加模糊。

Proti Proudu Bistro

Březinova 22/471, 186 00 Praha 8 – Karlín, Czech Republic

设计机构：Mimosa Architekti

© Jakub Skokan, Martin Tuma

咖啡馆的室内设计理念是借由咖啡和美食连接彼此。从柜台背后的开关延展出去的电线连接到每张小桌子上面的照明灯，象征着店员和客人的连接。柔和的胶合板墙面与大理石花纹的地板以及橡木材质的柜台和餐桌相协调。黑色的铁质照灯和座椅让整体设计更添冷静色调。

COFFEE WE TRUST

Tostado Café Club

Av. Córdoba 1501, Ciudad Autónoma de Buenos Aires, Argentina

设计机构：Hitzig Militello Arquitectos

设计师：：Fernando Hitzig, Leonardo Militello

© Federico Kulekdjian

为了重塑传统布宜诺斯艾利斯杂货店的精神，设计工作室从杂货店最常见的木箱子概念出发，以木板条为墙面的主要装饰元素。店内使用灰黑色的地砖，经适度的打磨，有着温润的质感。店内一个特设的垂直花园会吸引客人走下地下用餐区，这一层的氛围和首层的灰白空间截然不同。

TOSTADO
1505
Recién
TOSTADO
CAFÉ &
TOSTADO
$44
$94
MARTINEZ

CAFÉS
DIS
FRU
TA
EN
DUL
ZA
PASTELERÍA
POSTRES
TOSTADO
CAFÉ CLUB

TOSTADO
DIS
FRU
TA
PASTELERÍA
POSTRES

OSTADO
CAFÉ CLUB

TOSTADO
CAFÉ CLUB
LIVING

LIVING
TOSTADO

Toby's Estate Coffee

125 North 6th Street, Brooklyn, NY, 11249 USA

设计机构：nemaworkshop

© Vincent Chih-Chieh Chin

从室外向室内看，Toby's Estate Coffee 咖啡馆就像是一个从街面上升起的舞台。进门要通过一个斜坡进入咖啡店的柜台和用餐区。店内用了大量的木质、铁质家具和装饰，营造出一种温馨安全的氛围。

Kafé Nordic

29 Itaewon-ro 54ga-gil, Yongsan-gu, Seoul, South Korea

设计机构：Nordic Bros. Design Community

Kafé Nordic的店名是瑞典语“Kafé”和英语“Nordic”的结合，从店名出发，设计师想要塑造一个具有北欧风情的咖啡馆。经典的木质地板铺满整个室内，27种特别绘制的图案用于部分地面和墙面。哑光磨砂质感的彩色桌椅让整个空间更活泼明朗。

toilet

Café Craft

24 rue des Vinaigriers, 75010 Paris, France

设计机构：POOL

© Samuel Kirszenbaum

Café Craft定位为一家为自由职业者开的咖啡馆，室内设计的极简商务风通过黑白主色调体现出来。墙上的铁栅栏陈列有书籍报刊供客人取阅，桌子上的便利贴则可以让客人随时记录备忘。木地板和黑白瓷砖地板将休闲和商务区域区分开，让客人工作之余有适当放松的空间。

CRAFT

Kofemolka Café

Karachevskaya St., 12/3, Orel 302001, Russia

设计师：Dmitry Neal

咖啡馆的内部很明显地分为两个区域：一进入门口是容纳柜台和高脚椅的小区域，然后是空间相对开阔、有独立餐桌的大厅。设计师主要使用了蓝绿色和白色作为室内设计的主色调。墙上的装饰用了大量的夹板材料，配合温暖的灯光，营造出一种自然温馨的氛围。大厅墙面悬挂的镜子让空间在视觉上更大、更明亮。

ХОЛ. НАПИТКІ
Айс латте
450мл...179₽
Мохито Б/А
450мл...150₽
Молочный коктейль
380мл...149₽
FRESH
Апельсин
200мл...139₽
Грейпфрут
200мл...139₽
Яблоко
200мл...139₽
#вКофемолко
Kofemolka
КОФЕ
МОЛКА

темпер
корзина
холдер

Peggy Guggenheim Café

Palazzo Venier dei Leoni, Dorsoduro 701-704, 30123 Venice, Italy

设计机构：Hangar Design Group

咖啡馆的所在地曾经是艺术收藏家佩吉·古根海姆的家。设计师重新设计了店内的客流路线，突出通往展览厅的通道。室内的白墙、石灰大理石地板、白色桌椅都很好地融合了自然光线，让室内和室外天然一体。

exhibition

PEGGY
GUGGENHEIM
CAFÈ

Kahve Café by Enflux

1822 West 1st Avenue, Vancouver, BC, Canada

设计机构：Eitaro Hirota Design

设计师：Eitaro Hirota

Kahve于2015年开张，是温哥华的家具杂货商Enflux开的咖啡馆。店内的装修用简洁的线条、淡然的色调和材质营造了一种明亮轻盈氛围。木质元素的应用让人感到宁静和平和。店内最大的特色是一整面用木条搭建的陈列架，灵感来自日式町屋的门窗结构

KAHVE

Minister Café

Ratajczaka 34, 61-815 Poznań, Poland

设计机构：Ostecx Créative

设计师：Sébastien Ploszaj

Minister是波兰波兹南的一家本土企业，设计工作室之前为其旗下品牌Minister Beer设计过包装，此次负责设计Minister Café的品牌形象以及室内装饰。设计师从"minister"（部长、大臣）一词所给人的复古感出发，以圆顶礼帽为主要视觉元素，配合做旧质感的黑白照片，塑造了一个独具历史感的咖啡品牌。

KLIENT
W MELONIKU
JEST MNIEJ
AWANTURUJĄCY SIĘ
FLAT WHITE
LATTE KLASYCZNA
HERBATA
ŚNIADANIE / LUNCH

KAWIARNIA
Dla Każdego
KTO
LUBI PIWO
Minister Café
KLIENT
W MELONIKU
JEST MNIEJ
AWANTURUJĄCY SIĘ

Mumin Kaffe

Fabianinkatu 29, 00100 Helsinki, Finland

设计机构：Bond Creative Agency

设计师：Aleksi Hautamäki, Elina Vuorinen

Mumin Kaffe的主题是著名芬兰漫画及动画故事“姆明一族”。这家咖啡店不仅是小朋友爱来的地方，而且大人们也乐在其中。咖啡店的室内设计从姆明故事的场景提取灵感：吧台的蓝色面板模仿了姆明的家，绿色沙发的靠背是姆明谷里的一座座小山。不过故事中那些鲜明可爱的角色并不是这个空间的焦点，它们只作为活泼、好玩的形象点缀于整个室内。

FUEL Café at Chesapeake

6100 North Western Avenue, Oklahoma City, OK 73118, USA

设计机构：Elliott + Associates Architects

设计师：Rand Elliott, Bill Yen, Miho Kolliopoulos

© Scott McDonald, Hedrich Blessing

这间咖啡馆属于天然气企业Chesapeake，开设于其企业园区内部餐厅旁边。设计师大胆地运用一般咖啡馆极少用的荧光元素，偌大的空间全靠不同色调的荧光灯来划分，窗和门采用了彩色夹层玻璃，灯光和相连的窗户颜色对应，这些色彩来自食物的颜色。在阳光照射下，整个室内空间犹如一张水彩画卷并随着阳光变化而变化。

Touch screen or scan your ID card to begin
FUEL
AT CHESAPEAKE
place your order here!

索引

致 谢

善本在此诚挚感谢所有参与本书制作与出版的公司与个人，本书得以顺利出版并与各位读者见面，全赖于这些贡献者的配合与协作。感谢所有为本项目提出宝贵意见并倾力协助的专业人士及制作商等贡献者。还有许多曾对本书制作鼎力相助的朋友，遗憾未能逐一标注与鸣谢，善本衷心感谢诸位长久以来的支持与厚爱。

投稿：善本诚意欢迎优秀的设计作品投稿，但保留依据题材需要等原因选择最终入选作品的权利。如果您有兴趣参与善本图书的制作、出版，请把您的作品集或网页发送到 editor01@sendpoints.cn。